図解　ヘリコプター

メカニズムと操縦法

鈴木英夫　著

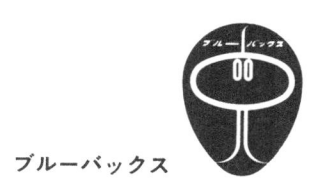

ブルーバックス

カバー装幀／芦澤泰偉事務所
カバー写真提供／(表) MCDONNELL DOUGLAS HELICOPTER SYSTMS
　　　　　　　　(裏) Schweizer
本文図版／さくら工芸社
目次・扉デザイン／工房 山﨑

はじめに

　人類は、大空を飛ぶ鳥を見て、自分たちも大地につながれた鎖を解き放ち、自由に飛びたいと願ってきた。

　ドイツの高名な詩人ゲーテ（1749〜1832年）は、人類が抱き続けてきたこの夢を「あの限りない大空に飛びだして、奈落の上に浮かびたい」と謳いあげている。

　また、多くの人々がさまざまな形の飛行機を設計・製作してきた。

　当初は、鳥の姿や動きを真似て飛行を試みたパイオニアが数多くいた。例えば中世には、タワー・ジャンパーと呼ばれた人々が、手製の翼をつけて、高い塔の上から飛び降りる実験を繰り返した。

　しかし、空を飛ぶという夢が叶えられるまでには、長い間の努力と苦心と犠牲が必要だった。

　それは、きわめて希薄な空気の密度というものの本質を理解できていなかったからである。人類が、その本質を理解し、空中に浮かぶ方法を解明したのは18世紀末であった。

　19世紀末には、リリエンタール（1848〜1896年）がグライダーを設計・製作し、2000回以上の飛行実験を行うに至った。さらに、言わずと知れたライト兄弟が、人類史上初めての動力飛行に成功したのは、1903年12月17日のことである。

　本書で紹介するヘリコプター（回転翼機）も、飛行機（固定翼機）とともに早くから考えられていた。たとえば、ルネッサンスの天才レオナルド・ダ・ビンチ（1452〜1519年）も、いくつものデッサンを残している。

ヘリコプターの初飛行も、ライト兄弟に遅れること4年の1907年であった。
　ところが、固定翼機が初飛行の10年後には実用化されたのに対して、ヘリコプターの実用化には30年を要した。固定翼機の世界には、そろそろジェット機が登場しようかという頃である。
　それは、回転翼の空気力学（空力）的解明が、非常にむずかしかったからに他ならない。また、その複雑な空力に対応できるメカニズムと操縦法の開発も、固定翼機とは比べものにならないくらいに困難だった。
　しかし、いったん実用化してから、今日までの進化は著しい。今やジェット・エンジンが当たり前で、速度や到達高度は、理論的な限界値に近づいている。そのパワーも数十トン（t）の人や荷物を運ぶ力持ちである。複合材料を多用した機体はますます軽く、丈夫になった。
　現在、世界の民間ヘリコプターの保有機数ナンバー1はアメリカで約1万1000機。これに続いて、広い国土を持つカナダの約1600機。そしてなんと第3位が、わが日本で約1000機である。
　実際に日本では、報道や輸送、救難、犯罪捜査、観光など、さまざまな場面でヘリコプターの活躍を目にすることができる
　しかし、ヘリコプターのメカニズムや操縦方法については、固定翼機ほどには知られていないのではないだろうか。そこで、本書を著した次第である。
　本書では、みなさんをまずヘリコプターのコクピットに案内し、操縦方法をお話ししよう。2本の操縦桿をどうあ

やつるのだろうか。

　次に、ヘリコプターの空力の概要を紹介し、これに対応するメーン・ローターの動きと、それを可能にするメカニズムへと話を進めたい。固定翼機の補助翼、昇降舵、方向舵などの比較的単純な動きに比べてずっと複雑な、メーン・ローターの運動とそのコントロール・システムについてである。

　そして操縦桿とローターとのリンク機構などのシステム、エンジン・燃料系統、さらに機体の構造について紹介する。

　また、一口にヘリコプターといっても、さまざまなタイプがある。それらを写真を交えてお話ししたい。

　最後に、日本に於けるヘリコプター利用の現状についても触れておいた。

　わが国は、狭い国土に峻険な山々が連なり、本来、ヘリコプター利用が適しているはずである。しかも世界第3位のヘリコプター保有国である。

　ところが残念ながら、それを使いこなすシステムが整っているとは言い難い。そこで、よりよい利用のために試みられていることを見てみたい。

　本書をお読みいただいて、ヘリコプターをより身近なものに感じていただければ幸いである。

　最後になりましたが、資料を提供していただいた川崎重工業(株)と、いろいろお骨折りいただいたブルーバックス出版部に、厚く御礼申し上げます。

2001年10月　　　　　　　　　　　　　　　　　　著者

図解・ヘリコプター 操縦法とメカニズム ──── もくじ

はじめに ── *3*

第1章 ヘリコプターを操縦する ── *15*

1-1 コクピット *16*
a．計器盤 *16*
b．レバーとペダル *20*

1-2 離陸 *21*
a．通常離陸 *22*
b．滑走離陸 *23*
c．最大パフォーマンス離陸 *25*

1-3 旋回飛行 *26*
a．ホバリング中の旋回 *27*
b．前進飛行中の旋回 *27*

1-4 ホバリング *28*
a．水平方向の制御 *29*
b．垂直方向の制御 *29*
c．機首方向の制御 *30*
d．地面効果 *30*

1-5 進入・着陸 *32*
a．通常進入 *32*
b．急角度進入 *33*
c．滑走着陸 *34*

1-6 **オートローテーション** *34*
  a．オートローテーション着陸 *36*
  b．デッドマンズ・カーブ *37*

第2章 ヘリコプターの空気力学 —— *39*

2-1 **揚力はなぜ生じるか** *40*
  a．連続の法則 *40*
  b．ベルヌーイの定理 *42*
  c．迎え角と失速 *43*

2-2 **抵抗はどう生じるか** *46*
  a．層流と伴流 *46*
  b．流線形 *47*
  c．境界層 *48*
  d．層流境界層 *49*
  e．乱流境界層 *50*
  f．境界層の剥離 *51*
  g．翼の圧力分布と圧力中心 *52*

2-3 **翼型** *53*
  a．NACA系翼型 *54*
  b．ローター・ブレード専用翼型 *55*

2-4 **翼の平面形** *57*
  a．回転翼の平面形 *57*
  b．翼の平面形による失速防止 *58*

2-5 **ヘリコプターの安定** *59*
  a．安定の種類 *60*

b．航空機の3軸 *62*

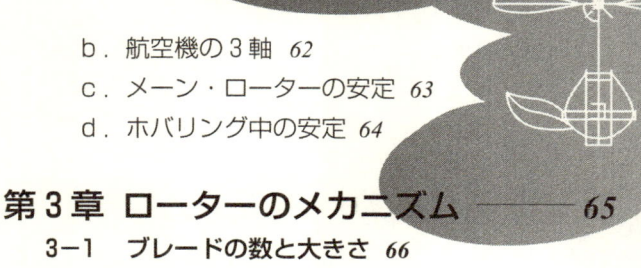

　　c．メーン・ローターの安定 *63*

　　d．ホバリング中の安定 *64*

第3章 ローターのメカニズム ── *65*

3-1　ブレードの数と大きさ *66*

　　a．ブレードの数 *66*

　　b．ローターの直径 *67*

3-2　メーン・ローターの構造 *68*

　　a．ブレードへの3つの荷重 *70*

　　b．全関節型ローター *70*

　　c．半関節型ローター *72*

　　d．無関節型ローター *73*

　　e．ベアリングレス型ローター *76*

　　　◆エラストメリック・ベアリング *77*

3-3　テール・ローター *78*

　　a．テール・ローターの配置 *78*

　　b．テール・ローターの構造 *79*

　　c．テール・ローターの形式 *81*

　　　◆フェネストロン *82*

　　　◆ノーター *84*

3-4　ホバリング時のブレードの運動 *86*

　　a．コーニング *86*

　　b．ドラッギング *88*

3-5　前進飛行時のブレードの運動 *89*

- a．フラッピング *89*
- b．サイクリック・フェザリング *91*
- c．ジャイロのプリセッション *93*
- d．コリオリの力 *94*
- e．ドラッギングの吸振 *96*

第4章 ヘリコプターのシステム ── *99*

4-1　操縦装置 *100*

- a．メーン・ローターへのリンク *101*
- b．テール・ローターへのリンク *104*

4-2　飛行計器 *107*

- a．空盒計器 *107*
  - ◆速度計 *108*
  - ◆高度計 *109*
  - ◆昇降計 *110*
- b．ジャイロ計器 *110*
  - ◆定針儀 *110*
  - ◆水平儀 *111*
  - ◆旋回計 *113*

4-3　エンジン計器 *114*

- ◆エンジン・トルク計 *114*
- ◆エンジン／ローター回転計 *114*
- ◆タービン温度計 *115*
- ◆滑油圧力計／燃料圧力計 *116*

4-4　**防振装置** *117*
- a．振動の原因と対策 *117*
- b．ブレード・トラッキング *119*

4-5　**エアコン装置** *121*
- a．暖房 *121*
- b．冷房 *123*

4-6　**防火・消火装置** *123*
- a．火災探知装置 *123*
- b．消火装置 *125*

4-7　**電気装置** *126*
- a．交流発電機 *126*
- b．スターター／ジェネレーター *127*
- c．照明装置 *128*

第5章　エンジン・燃料系統 ──── *131*

5-1　**エンジン系統** *132*
- a．ガスタービン・エンジンの利点 *132*
- b．ガスタービン・エンジンの種類 *133*
- c．ガスタービン・エンジンの出力 *134*
- d．ターボシャフト・エンジンの仕組み *135*

5-2　**ガスタービン・エンジンの構造** *137*
- a．圧縮機 *137*
  - ◆軸流型圧縮機 *137*
  - ◆遠心型圧縮機 *138*
- b．燃焼室 *139*

		◆ガスの流れ　*139*
		◆燃焼室での圧縮空気の流れ　*141*
		◆燃焼室の3タイプ　*142*
	c．タービン　*142*
		◆タービンの形式　*142*
		◆タービンの構造　*143*
		◆タービンの冷却　*145*

5-3　トランスミッション　*147*
	a．トランスミッションの役割　*147*
	b．フリーホイール・クラッチ　*149*

5-4　燃料系統　*150*
	a．燃料の種類　*150*
	b．燃料タンク　*151*
	c．燃料補給　*152*
	d．燃料量計　*153*
	e．防火と水抜き　*155*

5-5　滑油系統　*155*
	a．滑油　*155*
	b．トランスミッションの冷却　*156*
	c．エンジンの潤滑　*158*

第6章　ヘリコプターの機体構造── *161*

6-1　胴体の構造　*162*
	a．モノコック／セミモノコック構造　*162*
	b．枠組構造　*164*

- **6-2　テール・ユニットと着陸装置** *164*
    - a．テール・ユニット *164*
    - b．着陸装置 *166*
- **6-3　金属材料** *169*
    - a．アルミ合金 *169*
        - ◆アルミニウム1100 *169*
        - ◆アルミニウム2014 *170*
        - ◆アルミニウム2017 *170*
        - ◆アルミニウム2024 *170*
        - ◆アルミニウム6061（5052） *170*
        - ◆アルミニウム7075 *171*
    - b．マグネシウム合金 *171*
    - c．チタニウム合金 *172*
    - d．鋼 *173*
        - ◆炭素鋼 *173*
        - ◆合金鋼 *174*
        - ◆耐食鋼（ステンレス鋼） *174*
        - ◆耐熱合金 *174*
- **6-4　複合材料** *175*
    - a．複合材料とは *175*
    - b．ヘリコプターの複合材料 *176*

第7章　ヘリコプターの歴史と今 —— *177*
- **7-1　ヘリコプターの歴史** *178*
    - a．ヘリコプターの発明 *178*

- b．ヘリコプターの実用化 *179*
- c．ジェット・ヘリの誕生 *182*

7-2 ローターによる分類 *183*
- a．シングル・ローター *183*
- b．ツイン・ローター *183*
  - ◆タンデム式 *184*
  - ◆サイド・バイ・サイド式 *184*
  - ◆同軸反転式 *185*
  - ◆交差式 *185*

7-3 ローターの回転方向による分類 *188*

7-4 耐空類別 *189*

7-5 ヘリコプターの用途 *191*
- a．日本のヘリコプター事情 *191*
- b．ドクターヘリ *192*
- c．旅客輸送 *193*

7-6 ヘリポート *195*
- a．ヘリポートの種類 *195*
  - ◆公共用ヘリポート *195*
  - ◆非公共用ヘリポート *195*
  - ◆臨時ヘリポート *196*
- b．ヘリポートの設置基準 *197*
- c．新しいヘリポート・スペース *198*
- d．海上ヘリポート *199*

さくいん —— *201*

1章

ヘリコプターを操縦する

1-1 コクピット

まず、普段はあまり目にしない、ヘリコプターのコクピットにご案内しよう。

ヘリコプターのコクピットをいくつか図1-1に示す。

ヘリコプターの操縦席も飛行機（固定翼機）と同様、並列複座となっている機種が多い。ただし、飛行機では機長席は左、副操縦士席は右であるのに対して、ほとんどのヘリコプターでは右席が機長、左席が副操縦士と、逆になっている。

a．計器盤

18ページの図1-2はポピュラーなヘリコプターのコクピットの計器盤である。

中央はエンジン関係の計器（トルク計・タービン温度計・回転計・燃料量計・滑油温度計など）。その右に機長用飛行計器（速度計・高度計・昇降計・定針儀・水平儀など）、左に副操縦士用計器がある。

特に最近開発されたヘリコプターでは、ジェット旅客機と同じように、各種の計器を統合し、液晶表示した集合計器になってきている。

機長席と副操縦士席の間には、センター・コンソール（コントロール・スタンド）があり、ここにアナンシエーター（表示灯）・パネル、主スイッチ・パネル、無線機・航法装置関係のスイッチなどがある。

またコクピットの天井はオーバーヘッド・パネルとなっ

第1章 ヘリコプターを操縦する

(a) 大型ヘリコプター
(EH 101)

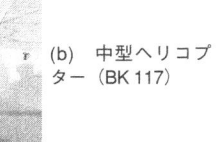

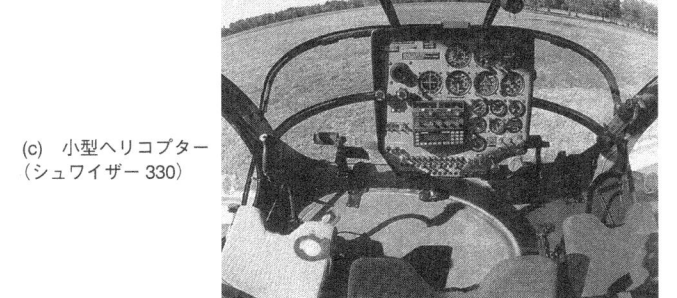

(b) 中型ヘリコプター (BK 117)

(c) 小型ヘリコプター
(シュワイザー 330)

図1-1 ヘリコプターのコクピット

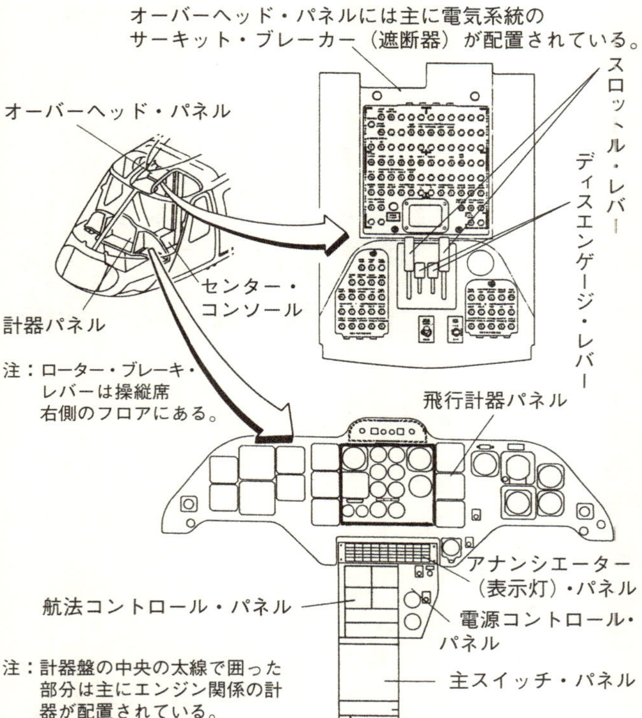

オーバーヘッド・パネルには主に電気系統の
サーキット・ブレーカー(遮断器)が配置されている。

オーバーヘッド・パネル

センター・コンソール

計器パネル

注:ローター・ブレーキ・
レバーは操縦席
右側のフロアにある。

スロットル・レバー

ディスエンゲージ・レバー

飛行計器パネル

アナンシエーター
(表示灯)・パネル

航法コントロール・パネル

電源コントロール・パネル

主スイッチ・パネル

注:計器盤の中央の太線で囲った
部分は主にエンジン関係の計
器が配置されている。

図1-2　ポピュラーなヘリコプターのコクピット例

ていて、ここには主にサーキット・ブレーカー(電気系統
の遮断器)が配置されている。

　なお、オーバーヘッド・パネルにあるディスエンゲージ・レバーは、スロットル・レバーをアイドルした後、これを操作してエンジンを停止するようになっている。

　スロットル・レバーはパワー・レバーともいい、燃料流

第1章 ヘリコプターを操縦する

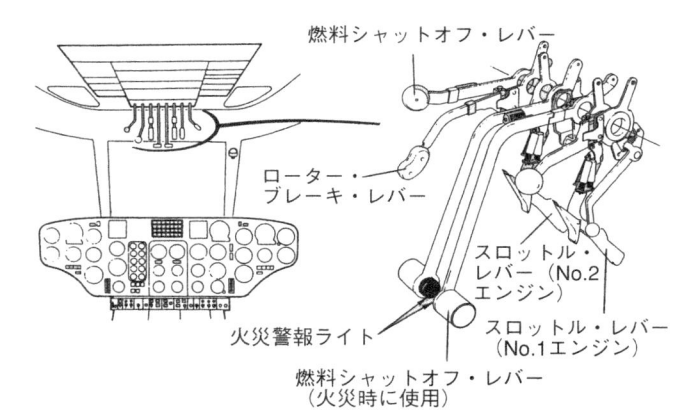

図中ラベル:
- 燃料シャットオフ・レバー
- ロター・ブレーキ・レバー
- スロットル・レバー（No.2エンジン）
- スロットル・レバー（No.1エンジン）
- 火災警報ライト
- 燃料シャットオフ・レバー（火災時に使用）

図1-3　ヨーロッパ製ヘリコプターのオーバーヘッド・パネル

量を制御して、エンジン出力を調整する。

　ただしアメリカのベル社製ヘリコプターでは、スロットル・レバーは、後述するように、コレクティブ・ピッチ・レバーに付いている。

　なお、このオーバーヘッド・パネルは、ヨーロッパ製のヘリコプターではいささか異なっていて、図1-3のレイアウトになっている。

　すなわちオーバーヘッド・パネルには、サーキット・ブレーカーとスロットル・レバーの他に、燃料シャットオフ・レバー、ロター・ブレーキ・レバーがある。

　燃料シャットオフ・レバーは、通常のエンジン停止時や万一の火災の際に、燃料がエンジンに行くのを遮断する。

　そしてロター・ブレーキ・レバーは、エンジン停止後にも、惰性で暫く回り続けるメーン・ロターをいち早く停止させる。もちろん、ロター・ブレーキは、飛行中に

誤って操作しても作動しないような機構になっている。

b．レバーとペダル

飛行機の操縦輪（桿）に相当するものをサイクリック・ピッチ・スティック、方向舵ペダルに相当するものをアンチ・トルク・ペダル、もしくは単にペダルという。

サイクリック・ピッチ・スティック（右手で操作）

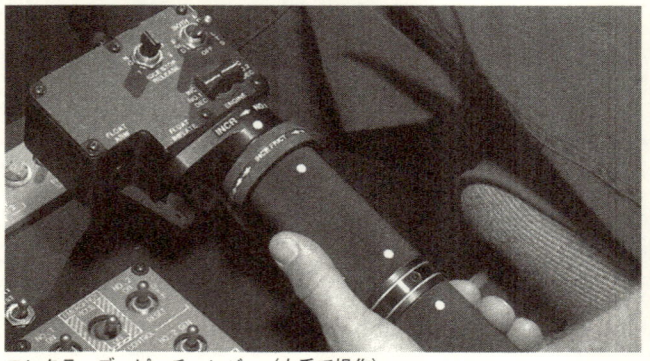

コレクティブ・ピッチ・レバー（左手で操作）

1－4　ヘリコプターの操縦桿

第1章 ヘリコプターを操縦する

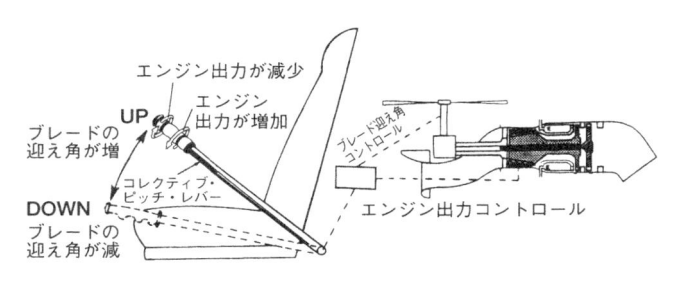

図1-5 コレクティブ・ピッチ・レバーの役割

また操縦席の左に、ヘリコプターに独特のコレクティブ・ピッチ・レバー（図1-4）がある。

コレクティブ・ピッチ・レバーを上に引くと、各メーン・ローター・ブレードの迎え角（ピッチ）が増す（揚力増加）。下に押すと迎え角は減少（揚力低下）する（図1-5）。

アメリカの代表的なメーカー、ベル社のヘリコプターのコレクティブ・ピッチ・レバーには、もう一つの役目がある。燃料流量を調節して、エンジン出力を増減させることである。図1-3のスロットル・レバーに相当する。

レバーの端にあるグリップを外側へ回すと、燃料流量が増してエンジンの回転が上がり、内側に回すと、逆に回転が下がる。ちょうどオートバイのハンドル・グリップに似ている。

1-2 離陸

ヘリコプターの操縦は、飛行機に比べてずっと厄介である。そのため、ヘリコプターのパイロットを目指す人は、まず飛行機の操縦から始め、ある程度それに習熟してから、

ようやくヘリコプターに挑戦する。

なお、ヘリコプターの操縦方法は、メーカーによって若干異なる。ここでは特に断りのないかぎり、アメリカ、ベル社製のヘリコプターについて述べる。

すなわちメーン・ローターが反時計回りで、スロットル・レバーがコレクティブ・ピッチ・レバー先端に装備されているタイプである。

それでは操縦席に着いて、いよいよ飛び立とう。

ヘリコプターの離陸も、飛行機と同様に風上に向かって行う。

まずサイクリック・ピッチ・スティックを中立(または離陸位置)にし、コレクティブ・ピッチ・レバーを最低位置にすることで、ローター・ブレードのピッチ角を最小にしておく。

次にコレクティブ・ピッチ・レバーの先端にあるスロットル・グリップを外側に回し、エンジン出力を最大にしてから、レバーを徐々に引き上げる。

するとメーン・ローターの各ブレードの迎え角(ピッチ)が増して揚力が生じ、ヘリコプターは浮揚する。

離陸には通常離陸、滑走離陸、最大パフォーマンス離陸がある。

a．通常離陸

ヘリコプターの離陸では、ほとんどがこの通常離陸方式(図1-6)をとる。
① 地面から垂直に 1〜1.5m 浮き上がらせてから、その位置に止まる(ホバリング)。

第1章　ヘリコプターを操縦する

④ある速度になると垂直フィンを流れる気流が方向安定を保つので左ペダルの踏み込みを緩める

③速度がついたら上昇飛行に移る

②サイクリック・ピッチ・スティックを前に傾け前進速度をつける

①地面から1〜1.5mでホバリング

サイクリック・ピッチ・スティック

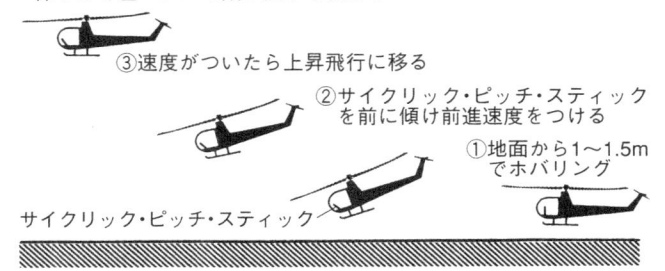

図1−6　通常離陸

② サイクリック・ピッチ・スティックをわずかに前へ傾け、ヘリコプターに前進速度をつける。

　その後、ヘリコプターが沈下するようであれば、コレクティブ・ピッチ・レバーを少し引き上げて浮力を増し、同時にメーン・ローターのトルクによる偏向を防ぐため、左ペダルを少々踏み込む。

③ 速度がついたら機首を上げて上昇飛行に移る。

④ ある程度の速度になると、方向が安定するので、左ペダルを踏み込んでいた力を緩める。

b．滑走離陸

　エンジン最大出力は決まっているから、搭乗人員や搭載貨物が多くてヘリコプターが重くなると、ホバリングできなくなる。また気温や湿度が高いときや、離陸する場所の標高が高いと、空気密度が小さいので、エンジン最大出力が落ちる。

　このようなときに用いられる離陸方法が滑走離陸である

③加速させ上昇飛行に移る
　（揚力が増大する）。
　　　　　②サイクリック・ピッチ・スティックを
　　　　　　前に傾けコレクティブ・ピッチ・レ
　　　　　　バーをアップし前進滑走に入る。
　　　　　　　　　　　　　①エンジン出力
　　　　　　　　　　　　　　を最大にする。

図1－7　滑走離陸

（図1－7）。
① エンジン出力を最大にする。
② サイクリック・ピッチ・スティックをホバリング状態よりも少し前に傾け、コレクティブ・ピッチ・レバーをゆっくりアップし、前進滑走に入る。ヘリコプターは地面すれすれに前進する。また、ペダルを踏み込んで機首を正面に向ける。
③ ヘリコプターを加速させ、速度が 24km/h くらい（機種によって異なる）になると、転移揚力（トランスレーショナル・リフト）が得られるので、上昇飛行に移る。

　転移揚力とは、メーン・ローターの効率が増大して揚力が増す現象をいう。これは飛行速度が速くなると、メーン・ローターを通過する空気流量が増加するので、ホバリング時に比べて揚力が増大するのである。

　転移揚力は対気速度が 24km/h（6.7m/s）以上で得られるので、向かい風が強いほど揚力が大きくなる。そこでヘリコプターの離陸でも、飛行機と同じように風上に向かって行う。

　またホバリング中でも、向かい風が 24km/h 以上あると

当然、転移揚力が得られる。

ただし滑走離陸は、地面が平らで、かつ十分な長さを必要とする。また離陸・上昇経路下に高い障害物がある場合はできない。

その場合は、次に述べる最大パフォーマンス離陸を行う。

ｃ．最大パフォーマンス離陸

飛び立とうとする方向に、立ち木やビルなどの障害物があり、それらを飛び越えなければならない場合の離陸法である（図1-8）。

この操作を行う前には気温、風速、ヘリポートの標高など、離陸条件を熟知しておかなければならない。最良の条件は気温が低く、迎え風が強く、ヘリポートの標高が低いことである。

③障害物を飛び越えたら速度を上げ、上昇飛行に移る。

②コレクティブ・ピッチ・レバーをアップし左ペダルを踏み込み,機首を正面に保つ。

①エンジンを離陸出力にし、ホバリングする。

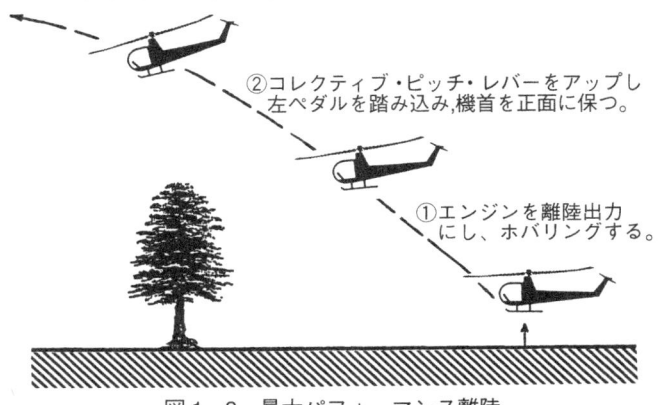

図1-8　最大パフォーマンス離陸

① ヘリコプターの機首を風上に向け、サイクリック・ピッチ・スティックを中立位置に保ち（つまりヘリコプターの姿勢を傾けずに）、エンジン出力を離陸回転数にする。

離陸回転数は、ピストン・エンジンでは吸気圧力、タービン・エンジンではエンジン・トルク計、タービン温度計で判断する。

吸気圧力は、エンジン吸気管内の静圧を絶対圧力（真空中で理論的に得られる圧力を0とした圧力）で示した値でエンジン馬力の目安となる。

最大出力をオーバーしたり、あるいはその出力を維持する時間が長かった場合は、エンジンに負荷がかかり過ぎて、ピストン・エンジンではシリンダーなど、ガスタービン・エンジンではタービンなどに、焼損を与えることがあるから、気をつけなくてはならない。

② コレクティブ・ピッチ・レバーを一気にアップし、メーン・ローター・ブレードのピッチを最大にする。同時に左ペダルを踏み込み、機首を正面に保ちながら、少しずつ高度を上げていく。

③ エンジン出力を最高にし、目の前の障害物を飛び越えたら、徐々に速度を上げ上昇飛行に移る。

1-3 旋回飛行

ヘリコプターの飛行は、後述するように（188ページ参照）メーン・ローターの回転方向によって異なる。ここでは、上から見て反時計回転、シングル・ローターとして話を進める。

a．ホバリング中の旋回

ホバリング中の旋回は、旋回したい方向のペダルを踏み込む。例えば、右旋回するときは右ペダルを踏み込むと（図1−9 (a)）、テール・ローターのブレード・ピッチ角が減る（推力が減少する）ので、機首は右に向く。

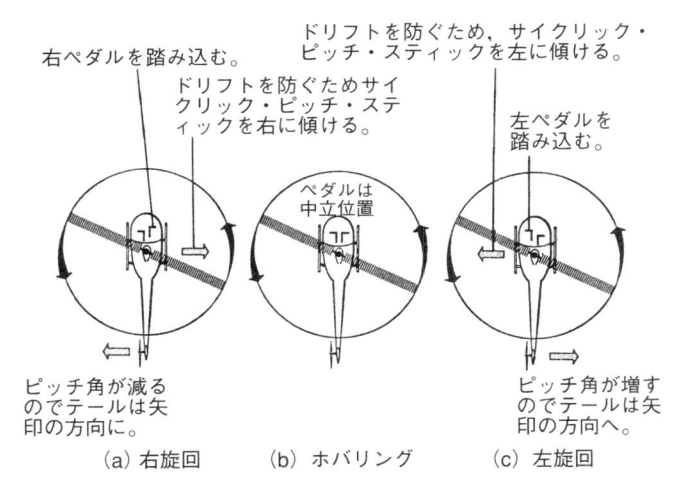

図1−9　旋回飛行の操作

ここで注意しなければならないのは、ペダルを踏み込めばテール・ローターの推力変化で、ドリフト（横滑り）が生じること。そこで、ペダルを踏み込んだ方向へサイクリック・ピッチ・スティックを少々傾けなければならない。

左旋回では、右旋回とは逆の操縦を行う（図1−9 (c)）。

b．前進飛行中の旋回

前進飛行中の旋回は、飛行機と同様にバンク（傾き）を

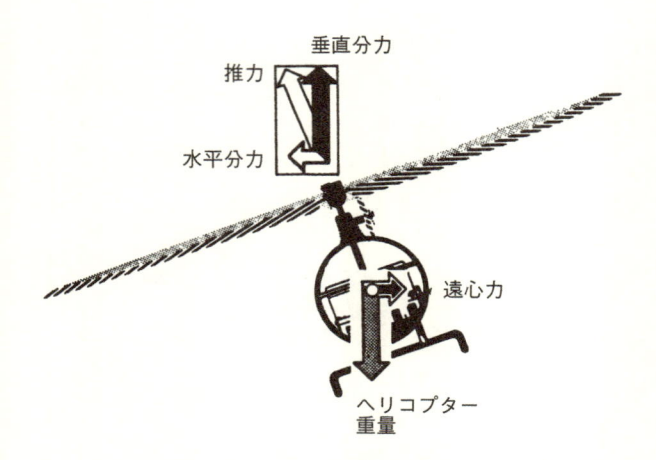

図1−10 旋回時のバランス

とって行う。そのためには、サイクリック・ピッチ・スティックを旋回側へ傾ける。するとメーン・ローターに推力が生じる。

その推力には、垂直方向の分力（揚力としてヘリコプター重量を支える）と、水平方向の分力（旋回による遠心力に対抗した力）とがある（図1−10）。

このとき、サイクリック・ピッチ・スティックを傾けると同時に、ペダルも旋回側に踏み込む。

1-4 ホバリング

ホバリングとは、地面に対して一定の高度を保って停止（浮揚）している状態をいう。これはヘリコプターの特技で、飛行機にはできない芸当である。

第1章　ヘリコプターを操縦する

　無風状態でホバリングしているときは、サイクリック・ピッチ・スティックは中立位置にしておけばよい。
　しかし現実には、どんな場合でも風は吹いている。ましてや、メーン・ローターのダウン・ウォッシュ（吹き下ろしの風）がヘリコプターの周囲に流れているので、無風状態はあり得ない。
　ホバリングを行うには水平方向、垂直方向、機首方向の制御が必要で、それらはサイクリック・ピッチ・スティック、コレクティブ・ピッチ・レバーおよびペダルの操作によって行われる。

a．水平方向の制御

　風がヘリコプターの前方から吹いている場合はサイクリック・ピッチ・スティックを前方に倒す。そうしないとヘリコプターは風に押されて後方に流される。
　風が強いほどスティックの倒しを強くする（機体の傾きを大きくする）。
　また風が左から吹いている場合は、サイクリック・ピッチ・スティックを左に倒す。風が右から吹いていれば、スティックを右に倒すのは言うまでもない。

b．垂直方向の制御

　高度を一定に保つのは、コレクティブ・ピッチ・レバーを上下することで行われる。このとき、必要に応じてスロットル・グリップを操作してエンジン出力を調節する。
　ただしコレクティブ・ピッチ・レバーを上げると、メーン・ローターのトルクが増して機首を右方向に回そうとす

るので、左ペダルを踏み込んでやる。レバーを下げるなら、逆に右ペダルを踏み込んでやる。

c. 機首方向の制御

ホバリング中の機首方向の制御は、旋回と同じ操作なので、それを参照されたい。

d. 地面効果

飛行機やヘリコプターが、地面近くで飛行したりホバリングする場合は、地面の影響を受け、より高い高度での飛行やホバリングするときと異なった効果が現れる。これを地面効果という。

ヘリコプターが地面近くでホバリングすると、メーン・ローターの吹き下ろしが地面でせき止められるエア・クッション状態をつくりだす（図1-11(a)）。

つまり、少ないエンジン出力でホバリングができるから、

(b)メーン・ローターの直径以上の高度では、ローターの吹き下ろしが途中で消え、地面効果はなくなる。

(a)メーン・ローターの半径くらいの高度まではローターの吹き下ろしによる地面効果がある。

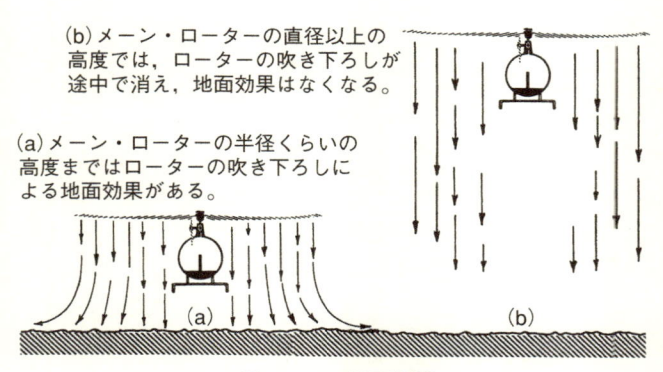

図1-11　地面効果

第1章　ヘリコプターを操縦する

この高度ではエンジン出力を減少させる。

　ちなみに、この状態を地面効果内ホバリング、より高い高度でのホバリングを地面効果外ホバリング（同図 (b)）という。

　地面効果は、メーン・ローターの半径くらいの高度、例えばメーン・ローターの直径が11.5m（中型機）なら、約5.7mの高度までその影響を受ける。

　ただしヘリコプターの対気速度が約18km/h（5 m/s）以上になると、メーン・ローターの吹き下ろしが後方に吹き抜けてしまい、空気が地面とヘリコプターとの間で圧縮されず、エア・クッション状態が失われるので、地面効果はなくなる。

　図 1-12 は、サイクリック・ピッチ・スティックの操作方向とヘリコプターの動きを示している。

　　前進飛行　　　　ホバリング　　　　後進飛行

　　右側進飛行　　　ホバリング　　　　左側進飛行

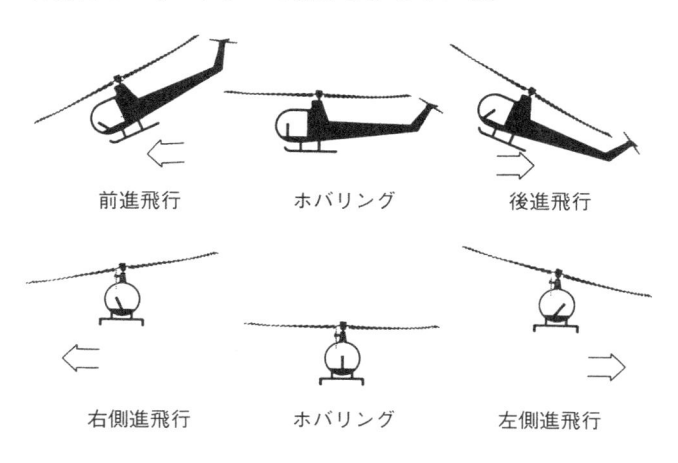

図1-12　サイクリック・ピッチ・スティック操作と飛行姿勢

1-5 進入・着陸

ヘリコプターの進入方法を大別すると通常進入、急角度進入、滑走着陸がある。

どの進入・着陸を行うかは、ヘリコプターの能力や、そのときの着陸地点の状況などによって異なる。

例えば着陸地点の標高が高かったり、気温が高い場合は、空気密度が小さくなるので、それだけエンジン出力が低下する。

a. 通常進入

まず、着陸地点に人や障害物などがないか、周囲に他機がいないか、あるいはエンジンが正常であるかなどを計器で確認して、着陸操作に移る（図1-13）。

① コレクティブ・ピッチ・レバーを下げ（メーン・ロー

①コレクティブ・ピッチ・レバーを下げ降下飛行を開始。右ペダルを踏み込む。

②コレクティブ・ピッチ・レバーを上げヘリコプターの沈下を止める。

③高度1.5m前後でホバリングしてから着地。

図1-13　通常進入

ター・ブレードのピッチが減る)、降下飛行を開始。このとき、上昇とは逆にメーン・ローターのトルクによる偏向が減少するため、右ペダルを踏み込む。

　ヘリコプターの通常進入時の降下角は約10°で、飛行機の降下角(約3°)より急角度である。

　速度はサイクリック・ピッチ・スティックで、降下率はコレクティブ・ピッチ・レバーで、また機首の向きはペダルで、それぞれコントロールする。

② ヘリポートに近づくにしたがい、速度を下げていく。それに伴い転移揚力(トランスレーショナル・リフト)が小さくなっていくので、コレクティブ・ピッチ・レバーを少しずつ引き上げていき、機体の沈下を止める。

　そのままにしておくと、揚力が急減して地面に激突(ハード・ランディング)する。

　コレクティブ・ピッチ・レバーを引き上げた場合は、機首を正面に保つために、左ペダルを踏み込んでやる。

③ 着陸地点の1.5m前後の高さに達したら、対地速度0、すなわちホバリングに移り、そして着陸となる。

b．急角度進入

着陸進入経路に立ち木や建物などの障害物がある場合、あるいはビルの屋上をヘリポートとし、当初から乱気流が予想されるときに、この急角度進入方式(次ページ図1-14)をとる。

① 通常進入で行う操作より大きめにコレクティブ・ピッチ・レバーを下げ、同時に右ペダルを踏み込む。

② 通常進入より降下率が大きいため、コレクティブ・ピッ

②降下率が大きいためコレクティブ・ピッチ・レバーを早めに上げる。同時に左ペダルを踏み込む。

①通常進入で行う操作より大きめにコレクティブ・ピッチ・レバーを下げる。

③ホバリングを行った後に着地する。

障害物がない場合の進入経路

図1-14　急角度進入

チ・レバーを早めに上げる。同時に左ペダルを踏み込む。
③　最終進入段階でホバリングを行った後、着地となる。

c．滑走着陸

ヘリポートの標高が高い場合、あるいはヘリコプターの重量が大きいなどの条件で、ホバリングができないときに行う着陸方式。

滑走着陸の降下角は5°前後、進入速度は約30km/hで、他の進入着陸より速い。それは進入の最終段階までトランスレーショナル・リフトを保持し続けるためである。

1-6　オートローテーション

空中でエンジンがストップ、いわゆるエンストを起こすと、飛行機にしろヘリコプターにしろ、すぐに墜落すると思われがちだが、それは間違いである。

第1章 ヘリコプターを操縦する

　飛行機でエンストが起きた場合は、まず機首を下げ、主翼に流れる気流を層流（49ページ参照）にして揚力を確保する。

　この状態では降下飛行しかできないが、降下しつつ、近くの空港に向かう。もし近くに空港がなければ、広い平地や河川敷をみつけ、不時着する。

　ヘリコプターの場合、エンストしたときは、自動的にエンジンとメーン・ローターが切り離される。

　ヘリコプターは当然その重量で降下するが、このときメーン・ローターに対して上向きの気流が生じる。そのためローターの回転が保たれ、ある程度の揚力が得られる（図1－15）。

　ちょうど竹トンボを飛ばしたとき、最初は勢いよく回転して上昇するが、回転力が弱くなると、回転を保ちながらゆっくり降りてくる現象と同じである。

　これをオートローテーションという。

　自動回転しているメーン・ローターの回転力は、トランスミッションを介してテール・ローターの回転軸に伝わる。そのため、オートローテーション中でも、機首方向のコントロールができる。

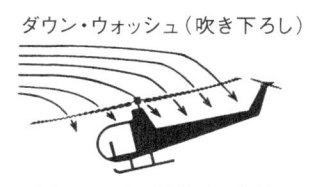

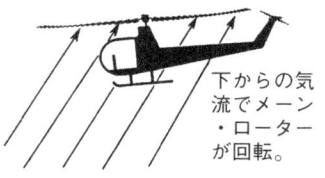

（a）エンジン駆動時の気流　　（b）オートローテーション時の気流

図1－15　メーン・ローターを通る気流

a．オートローテーション着陸

オートローテーション着陸（図 1-16）は、風上に向かって行う。

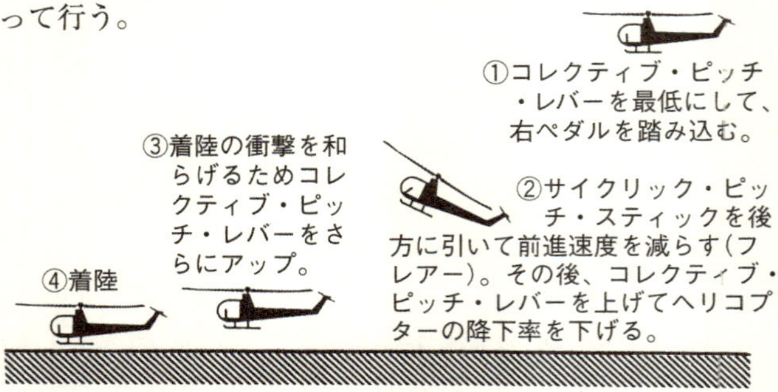

①コレクティブ・ピッチ・レバーを最低にして、右ペダルを踏み込む。

③着陸の衝撃を和らげるためコレクティブ・ピッチ・レバーをさらにアップ。

②サイクリック・ピッチ・スティックを後方に引いて前進速度を減らす（フレアー）。その後、コレクティブ・ピッチ・レバーを上げてヘリコプターの降下率を下げる。

④着陸

図1-16　オートローテーション着陸

① コレクティブ・ピッチ・レバーを最低まで下げ、同時に右ペダルを踏み込んで、機首を正面に保つ。
　サイクリック・ピッチ・スティックを操作して、定められた速度にする（速度は機種によって異なる）。
② 地上約20～30mになったら、サイクリック・ピッチ・スティックを後方に引いて、前進速度を減らす（これをフレアーという）。
　フレアーを行うと、メーン・ローターの回転が増加するので、コレクティブ・ピッチ・レバーをわずかに引き上げる。するとメーン・ローターに抵抗が加わるため、回転数は減少する。
　続いてレバーを引き上げて、降下率を調整する。
　またテール・ローターを地面に接触させないように、サイクリック・ピッチ・スティックを前方に倒す。この操作を怠ってテール・ローターを地面に接触させ、

事故に至ったケースが多い。
③ スキッド(または車輪)が接地する寸前に、衝撃を和らげるため、コレクティブ・ピッチ・レバーをさらに上に引く。
④ 着陸後も、サイクリック・ピッチ・スティックはそのまま保持し、コレクティブ・ピッチ・レバーは最低位置まで下げる。

着陸接地後、メーン・ローターの回転が低くなったとき、ローター・ブレードのピッチを上げてはならない。

ピッチを上げると、揚力に比べて遠心力が小さいので、コーニング角(87ページ参照)が大きくなり、ブレードに過大な曲げモーメントが働き、ときには破損する。

b．デッドマンズ・カーブ

ヘリコプターがどんな飛行状態でも、安全にオートローテーション着陸できるとは限らない。

例えば、オートローテーション時に、ある速度が出ていたとしても、そのときの高度が低い場合、あるいは高度が高くともある程度の速度がなければ、オートローテーション着陸はできない。

そこでオートローテーション時の「高度-対気速度」の条件を表したデッドマンズ・カーブ(H-V線図:次ページ図1-17)が必要となる。

図中の斜線部分は、エンジン故障が生じたとき危険なので避けなければならない領域である。

例えば、Ⓐ範囲でエンジンが故障したとすると、高度があっても速度が小さいため、オートローテーションには入

Ⓐ, Ⓑは飛行禁止範囲

対地高度 (ft)

注：1 ft＝0.3048m
　　1 mph＝1.609km/h

対気速度 (mph)

図1-17　デッドマンズ・カーブ

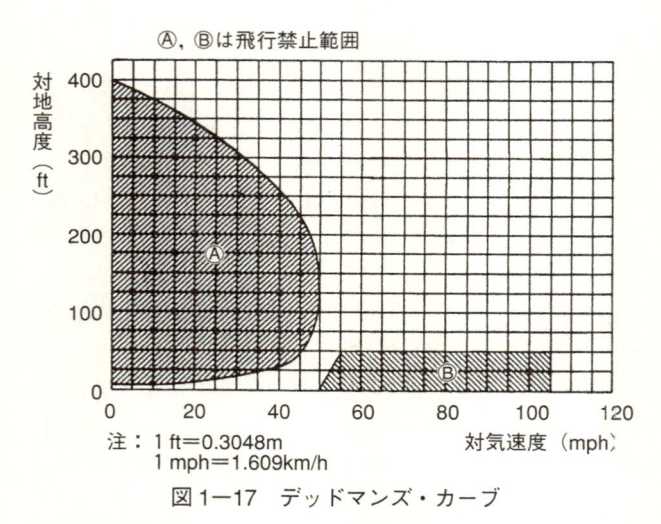

れない。またⒷ範囲では前進速度が大きいため減速する余裕がなく、高速飛行のまま接地することになり、これも安全なオートローテーション着陸ができないことになる。

　一方、Ⓐ範囲外の下側、例えば高度25ft（約7.5 m）付近、速度40mph（約64km/h）でエンジン故障が生じたとする。この場合は、オートローテーション状態にならないが、高度が低いので、そのまま接地しても激突を避けられることを示している。

　もちろん、高度300ft、速度が80mphでは、十分にオートローテーション着陸が可能である。

　ただし機種によって図中の斜線部分は異なる。

　以上で、ヘリコプターの離陸・ホバリング・旋回そして着陸が無事できたことになる。

2章

ヘリコプターの*空気力学*

2-1 揚力はなぜ生じるか

飛行機やヘリコプターは、空気（大気）に対して相対的に運動する翼に生じる揚力で飛行している。

飛行機の場合は主翼に、ヘリコプターではメーン・ローターの一枚一枚（ブレード）に揚力が発生する。また推進力もメーン・ローターが受け持っている。

ちなみにローターを縦にしたようなプロペラの推進力は、翼と似た断面によって生じる揚力と、回転面前後の空気の運動量の差による反作用とで生み出されている。

なぜ揚力が発生するのか、まずその原理を見てみよう。

a．連続の法則

いま、10m/s の気流の中にある翼型を置いたとする。翼の前縁に当たった気流は、翼の上面と下面に分かれて、後縁に進む（図2-1）。

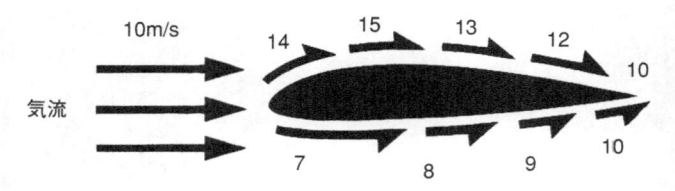

図2—1　翼型に生じる気流速度の差

主翼上面では、気流はいったん 14～15m/s 程度にまで加速され、その後は減速して、後縁では前縁に当たる前の 10m/s に戻る（この後の流れについては後述する）。

第2章　ヘリコプターの空気力学

　また翼下面では、逆に 7〜8m/s 程度にまで減速されるが、やはり後縁では 10m/s に戻る。
　ただし加減速の程度は、翼型によって異なる。
　この時、気流が加速された翼上面では圧力が下がり、気流が減速された翼下面では圧力が上がる。その圧力差が揚力となるのである。
　この気流の加減速と圧力変化の程度は、流体の「連続の法則」と「ベルヌーイの定理」に従っている。
　図 2-2 は、中央がくびれた管の断面で、この管に連続的に空気を流している様子を示している。

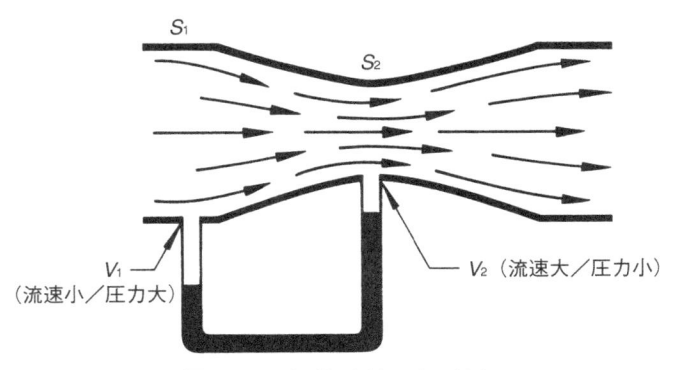

S_1
S_2
V_1（流速小／圧力大）
V_2（流速大／圧力小）

図2-2　くびれた管の中の流れ

　入っただけの空気量は必ず出なければならない。そこで、流れる空気の量が一定なら、管径の小さいところでは速く流れ、大きいところでは緩やかな流れになる。
　ここで、管径の大きいところの断面積をS_1、気流の速さをV_1、管径の小さいところの断面積をS_2、気流の速さをV_2で表せば、

$$\text{単位時間に通過した空気量} = S_1 V_1 = S_2 V_2$$

$$\text{故に } \frac{V_1}{V_2} = \frac{S_2}{S_1}$$

となる。これを「連続の法則」という。

この状況を日常的に経験しているのが水撒きである。水を遠くに撒きたいとき、ホースをつまんで出口を小さくしてやると、水は勢いよく遠くまでとどく。

b．ベルヌーイの定理

静止している流体は、上下・左右のすべての方向から同じ圧力が働いている。例えば空気（大気）も、その場所の気圧だけの圧力が、どの方向にも働いている。われわれがその圧力を感じないのは、すべての方向から同じ圧力がかかっているからである。

この圧力を静圧という。流れている流体でも、やはり静圧を受けている。

一方、流れが物体に当たってせき止められたり、または流れが狭められたりすると、流体の持つ運動エネルギーが、そこで圧力に変わる。例えば、スピードの出ている乗り物から手を出すと、後方に持っていかれそうな圧を感じる。

この圧力を動圧という。

動圧をq、流体（水・大気）の密度をρ、流れの速さをVとすれば、動圧の強さは次の式で表せる。

$$q = \frac{1}{2} \rho V^2$$

この式から動圧は、流れの速さの2乗に比例して大きくなることが分かる。

これら動圧（q）と静圧（P）を足したものが全圧（Pr）と

第2章　ヘリコプターの空気力学

なり、次式より得られる。

$$Pr = P + \frac{1}{2}\rho V^2 = 一定$$

この式から、静圧の高いところでは動圧が低くなり、静圧が低いところでは動圧が高くなることが理解できる（図2-3）。これを「ベルヌーイの定理」という。

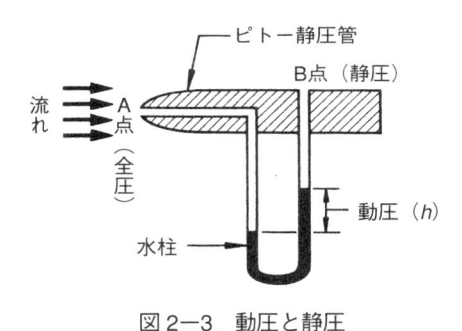

図2-3　動圧と静圧

以上の説明は、翼型を風洞に入れて風を送っての話であるが、風を送る代わりに翼型自身が前進しても同じである。さらにブレードの翼型もほぼ同様の形なので、ブレードを回転させても、同じ原理が働く（次ページ図2-4 (a)(b)）。

c．迎え角と失速

ただし実際の飛行では、この翼型に適当な「迎え角」を与えないと揚力は発生しない。迎え角とは、流れの方向と翼型の翼弦線とのなす角をいう（次ページ図2-5）。

風の方向に対して平板に適当な迎え角を与えてやると、平板は上空に揚がろうとする力が働く（45ページ図2-6）。凧揚げはこの力を利用している。

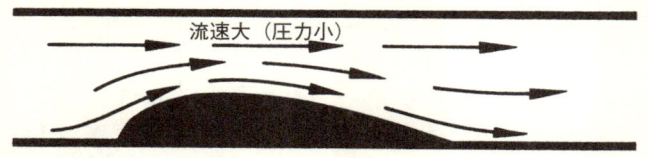

(a) 管中におかれた翼上の流れ

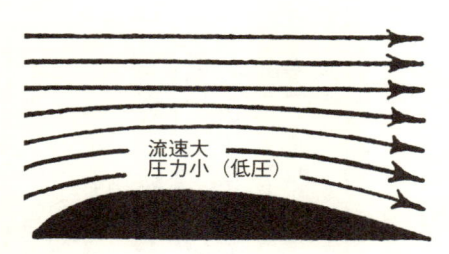

(b) 翼型上面の流れ

図2−4　翼型上の流れ

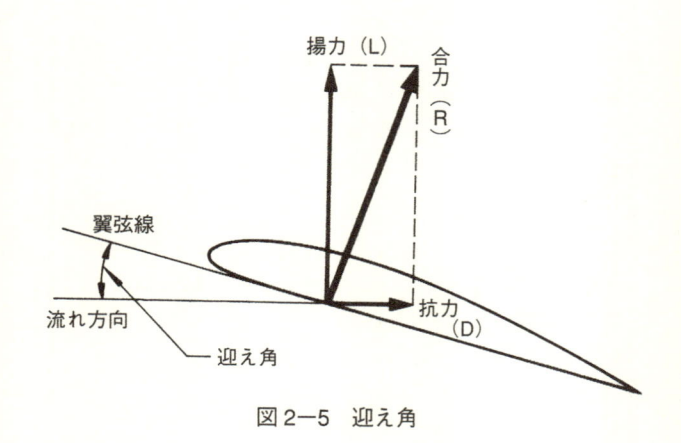

図2−5　迎え角

第2章 ヘリコプターの空気力学

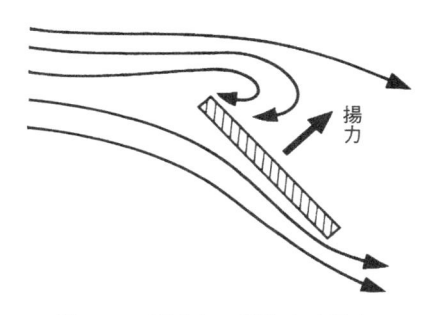

図2−6 迎え角で発生する揚力

　飛行機の翼やローター・ブレードも同様で、ただ前進速度や回転速度を速めれば、そこに揚力が生じるというものではない。ある程度の迎え角を与えなければ、揚力が生じないのである。
　図2−7(a)は、翼型の迎え角が−5°の状態を示している。

流れに乱れが少々ある　　流れに乱れがない　　翼上面の全域に剥離
　　　　　　　　　　　　　　　　　　　　　　が生じている（失速）

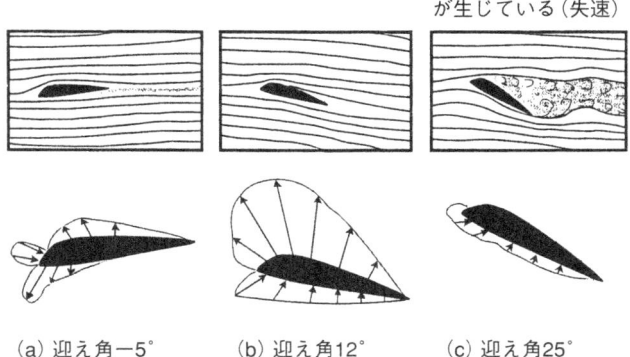

（a）迎え角−5°　　　（b）迎え角12°　　　（c）迎え角25°

図2−7　迎え角と流れの関係

翼上面の負圧が少ない上に、翼下面では、本来正圧であるべきものが負圧となっている（矢印が反対）。

同図 (b) は迎え角 12°で、翼上面は負圧、翼下面では正圧と理想の状態を示している。従って翼周りの気流にも乱れがない。通常の飛行時の主翼やローター・ブレードでは、このような流れを呈している。

ところが迎え角を増していって 25°にすると、翼上面の負圧は存在しなくなるから、翼上面全域に剥離が発生している（同図 (c)）。これでは、もはや主翼やローター・ブレードには揚力がなく、いわゆる失速状態にある。

失速する迎え角は翼型によって異なるが、おおよそ 14〜18°が一般的である。このような迎え角の状態では、メーン・ローターの回転をいくら高速にしても揚力は生まれず、次に述べる境界層の剥離による抵抗が増すだけである。

2-2 抵抗はどう生じるか

前述の迎え角の説明では平板を用いた。しかし平板では、揚力発生とともに大きな抗力（抵抗力）も作用している。

そこで次に、翼に生じる抗力を見ておこう。

a. 層流と伴流

図 2-8 は風洞内に、平板と円柱、それに流線形の物体を置き、これらに風を当てたときの、物体周囲の流れを示している。

平板と円柱では、いずれも物体表面のある点で、流れの道筋、すなわち流線が離れる。その外側では流れが整然と

第2章　ヘリコプターの空気力学

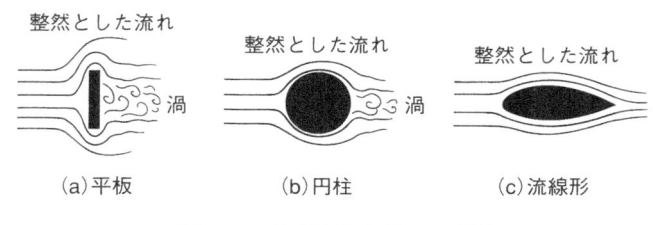

図2-8　物体形状と流れの関係

(a) 平板　(b) 円柱　(c) 流線形

しているが、その内側では大きな渦ができている。この渦ができている範囲を伴流という。

伴流の大きさは、平板の方が円柱よりはるかに大きい。

伴流の中の空気は希薄で圧力が下がっているから、物体には後方に引こうとする力、つまり抵抗が働く。

伴流域が大きいほど抵抗も大きい。平板が円柱より抵抗が大きいのは、このためである。

この抵抗は、物体の前と後ろとの圧力差に基づくから、物体の形状によって著しく異なる。それで、この抵抗を形状抗力と呼んでいる。

b．流線形

抵抗をなるべく少なくするには、物体の後ろにできる伴流域をできるだけ小さくすることである。それには、物体の後方を図2-8 (c) に示すように滑らかな形状にすればよい。こうすることで渦は、ほとんど消えてしまう。

このように、後ろにできる渦が極めて小さく、整然とした流れで囲まれている形を流線形という。

この流線形の抵抗は、同図 (a) の平板の抵抗のたった18分の1という実験結果がある。翼型の後縁が流線形である

のも、こうした理由による。

さらに飛行機やヘリコプターの胴体形状はもちろんのこと、高速で走る自動車・列車などは、できるだけ表面の凸凹を除き、全体を滑らかな流線形にしておかないと、抵抗が大きくて速度が出せない。

この他に、物体と流体の表面との間の摩擦によっても抵抗が生じる。これは物体の表面の滑らかさに関係するもので、摩擦抗力あるいは表面抗力という。

c．境界層

このように、抵抗は主として渦（伴流）のために生じるが、それでは、渦はどのようにして発生するのであろうか。それを知るには、先ず物体の表面にごく近い部分の流れを見る必要がある。

平板を気流に平行に置いてみる。

板からやや離れたところでは、気流は一様な速さで滑らかに流れている。ただし板の表面のごく近くでは、表面に近づくにつれて減速し、表面では速度は0になっている（図2-9）。

速さがより減少しているこの薄い層を、境界層という。

川の流れで岸辺の水は静止しているが、岸から遠ざかる

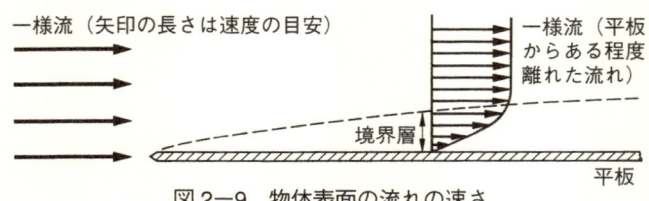

図2-9　物体表面の流れの速さ

ほど流速が速くなっている。この流速が遅くなっている範囲を境界層と考えると理解しやすいだろう。

物体の表面には、流体（空気）のごく薄い層が粘着している。この粘着している空気は、さらにその外側を流れる空気に粘着して流れを減速する。

このようにしてできる境界層の厚さは、流れの状態・物体の大きさによって異なるが、空気では数mmである。しかし、この数mmの厚さの境界層が、物体の後ろにできる渦の要因となり、結局は抵抗の基となる。

d．層流境界層

境界層は、物体の前方から後方まで、同じ厚さではない。物体の前方付近では非常に薄いが、後方に進むにつれて次第に厚くなっていき、さらにその後方では、厚みが急に増加している。

物体前方の境界層は、物体表面に沿って層をなして秩序正しく流れているが、物体後方の厚い層では流れは乱れている。それで物体前方の整然とした層を層流境界層、また後方の乱れた層を乱流境界層と呼んでいる（図2-10）。

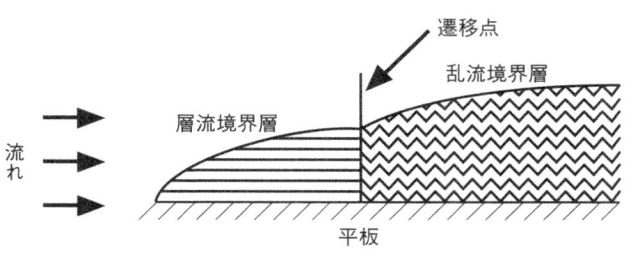

図2-10　層流から乱流へ

層流境界層は突然に乱流境界層に移行するのではなく、層流の状態が崩れ、次第に乱流境界層に移行する。この移行の状態を遷移、その位置を遷移点という。

e．乱流境界層

乱流境界層の厚みは、層流の10倍程度で、数十mmある。層流境界層内と乱流境界層内との速度分布を図 2－11に示しておく。

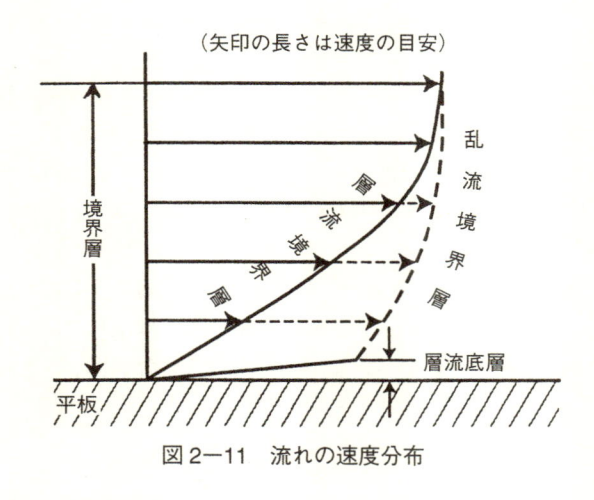

図2－11　流れの速度分布

層流境界層の速度分布（実線）は放物線状になっている。これに対して、乱流境界層内の速度分布（破線）は平均化されている。

これは、乱流が層流に比べて、平板近くで速度変化が急勾配であることを示し、平板面に及ぼす摩擦力が大きいことを意味する。このことは乱流の方が層流より剥離しにく

いことを物語っている。

なお乱流境界層の壁に極めて近い領域では、流れの粒子の変動が少なく層流を形成している。それで、この層を層流底層という。

f．境界層の剥離

物体表面はすべて境界層に包まれているとは限らない。

例えばローター・ブレードの迎え角を大きくしていくと、それまでブレード表面に沿っていた境界層の一部は、ブレード表面から剥がれ、規模の大きい渦が生じ、それが流れ去っていく（図2−12）。これを境界層の剥離という。

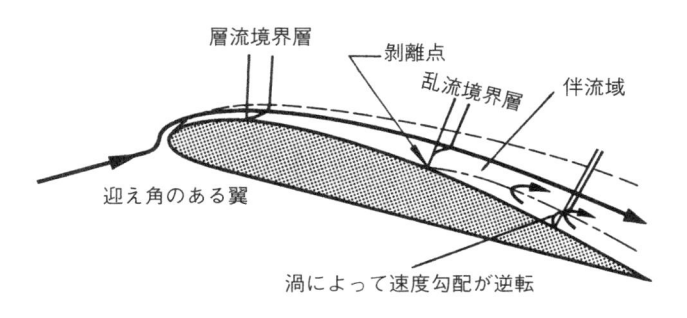

図2−12　境界層の剥離

境界層の剥離による渦が生じた伴流域では、他の部分に比べて圧力が低くなっているため、物体を後ろに引っ張ろうとする力、すなわち抵抗が生じる。

ブレード表面の境界層が消えて剥離部分だけになると、ブレードには揚力がなくなり、いわゆる失速という現象を起こす（次ページ図2−13）。

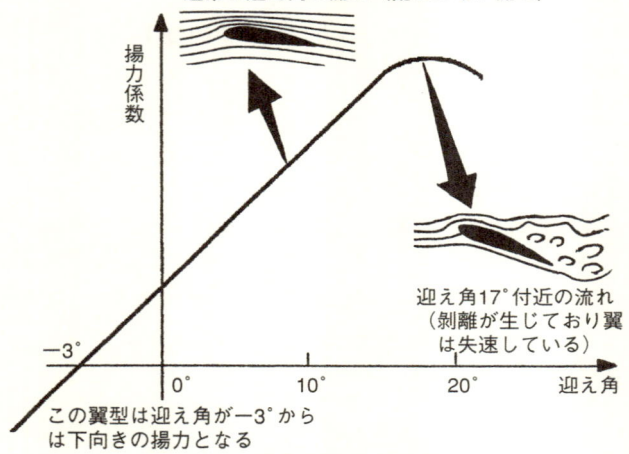

図中のラベル:
- 通常の迎え角の流れ（乱れのない流れ）
- 揚力係数
- −3°
- 0°　10°　20°　迎え角
- 迎え角17°付近の流れ（剥離が生じており翼は失速している）
- この翼型は迎え角が−3°からは下向きの揚力となる

図2−13　迎え角と揚力の関係

g．翼の圧力分布と圧力中心

　圧力分布を代表する点、すなわち翼に作用する揚力と抗力の合力である作用線が翼弦線と交差する点を、圧力中心という。

　圧力中心は迎え角の大小によって移動する（図2-14）。

　つまり迎え角を大きくしていくと、圧力中心は翼前縁側に、逆に迎え角が小さくなると、後縁側に後退する。

　圧力中心の移動が大きいと、安定が悪くなる。そこでキャンバーを小さくし、最大キャンバー位置を前縁側に近づけるなどの翼型にすると、圧力中心の移動が少なくなる。

　キャンバー（図2-15）とは、翼中心線の反りの大きさをいい、翼弦長（翼の前縁と後縁を結んだ直線長）に対する％で表す。

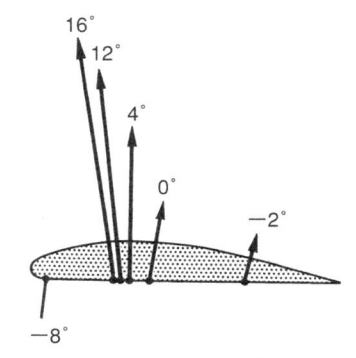

図2−14 迎え角と圧力中心

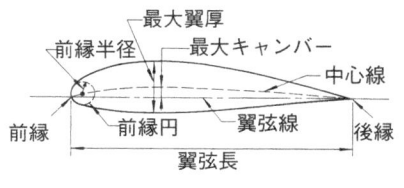

図2−15 翼型各部の名称

2-3 翼型

　前述のような単なる平板では、生じる抵抗（D）に対する揚力（L）の割合（揚抗比：L／D）が小さく、実際の翼には使えない。揚抗比が 10 以上の翼型が開発されて、初めて飛行機が実用化したのである。

　ライト兄弟の動力機による初飛行から今日までに、多数の翼型が研究され実用化されてきた。次ページ図 2−16はその一部を示している。

a．NACA系翼型

注目すべき翼型は、アメリカのNACA（現在のＮＡＳＡ：米国航空宇宙局）によって組織的・系統的に研究・開発された4、5、6、7数字系翼型（図2-16）である。

ライト兄弟機（1903年）

ブレリオXI（1909年）

NACA0015（1933年）

RAF6（1912年）

NACA23012（1935年）

クラークY（1922年）

ピーキー翼（1965年）

NACA2412（1933年）

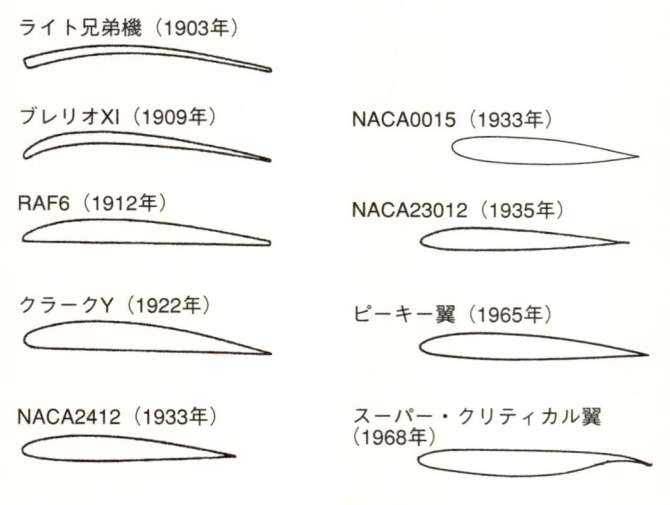

スーパー・クリティカル翼（1968年）

図2-16　翼型の発展

数字系翼型とは、翼厚の変化の割合やキャンバーの形を一定の式で定め、最大キャンバー、その位置および翼厚を変えて種々の翼型としたものである。

例えば「NACA2412」は4数字系（4桁）翼型で、数字の意味は、

 2：最大キャンバーが2％
 4：前縁から40％の位置が最大キャンバー
12：最大翼厚比が12％

ということを表している。この 4 数字翼型は、セスナ172 などの小型軽飛行機に採用されている例が多い。

ヘリコプターのメーン・ローターに多く採用されていたのは「NACA23012」や「NACA0015」である。

「NACA23012」は、
 2：最大キャンバーが 2 ％
 3：前縁から15％の位置が最大キャンバー
 0：中心線の後半部が 0 （直線）
12：最大翼厚比が12％

「NACA0015」では、
00：キャンバーが 0 ％
15：最大翼厚比が15％

このような、キャンバーが 0 ％、すなわち中心線の上下面のカーブが同じ翼を対称翼と称している。

対称翼とはこの翼は迎え角が 0 のとき、翼上下面の圧力分布が同じになり、揚力が 0 になるということである。

b．ローター・ブレード専用翼型

しかし多くの翼型は、元来飛行機用に開発されたものであり、それらは、最近の高性能ヘリコプターには合わなくなってきた。

例えば、ヘリコプターを高速飛行させるにはメーン・ローターの回転数を増加させればよい。しかし、回転数を上げるにしたがって空力騒音が大きくなり、また衝撃波が発生するためメーン・ローターとしての機能を失う。

ちなみにローター直径が 11.2m、ローター・シャフトの回転 395rpm とすると、ブレード先端速度は $\pi \times 11.2 \times$

395÷60＝231m/s、すなわち 831km/h となる。これにヘリコプターの速度をプラスすると 1100km/h 以上となる。

一方、気温 15℃のときの音速は約 1225km/h だから、ブレード先端速度は、音速に近づくので多くの弊害が生じる。

このためヘリコプターの理論的な限界速度は、400km/h 程度とされており、実際、現在の実用最高速度も 300km/h 前後である。

そこで現在では、ヘリコプター・メーカーが専用の翼型を開発し採用している。

その一例を図 2-17 に示す。

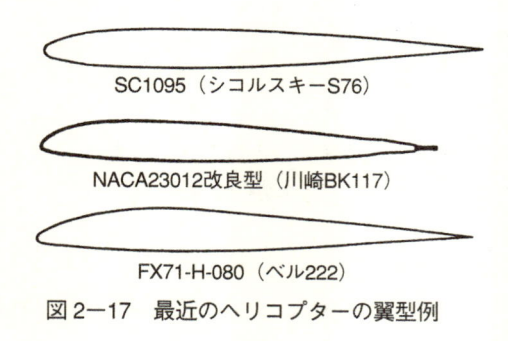

SC1095（シコルスキーS76）

NACA23012改良型（川崎BK117）

FX71-H-080（ベル222）

図 2-17　最近のヘリコプターの翼型例

ただしブレード全体が同じ翼型ではなく、中央部と翼端部では異なる型になる。

例えば川崎ＢＫ 117 はブレードの半径 80％までは NACA23012（翼厚比 12％）の改良翼型だが、それより翼端部は翼厚比 10％の薄翼を採用し、効率のよいブレードにしている。

第2章　ヘリコプターの空気力学

2-4　翼の平面形

a．回転翼の平面形

　ヘリコプターのローター・ブレード平面形は、基本的には図2−18 (a)に示す矩形翼である。しかし最近では、より速く、より低騒音のヘリコプターを求めるユーザーに応えるため、同図 (c)〜(f) に示した翼端形状のブレードが研究され、実用化されてきた。

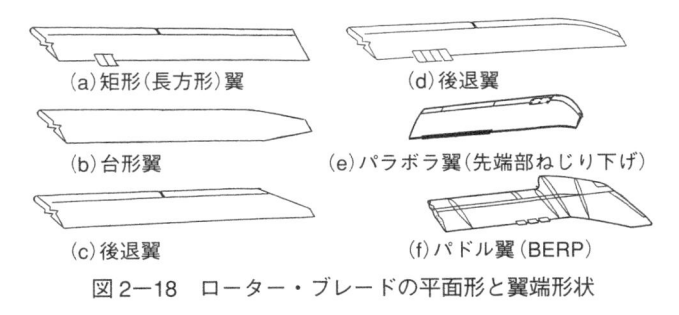

　(a)矩形（長方形）翼　　　(d)後退翼
　(b)台形翼　　　　　　　　(e)パラボラ翼（先端部ねじり下げ）
　(c)後退翼　　　　　　　　(f)パドル翼（BERP）
　　　図2−18　ローター・ブレードの平面形と翼端形状

　同図 (f)に示した翼端は、カヌーの櫂に似た形状をしているところから、パドル翼（BERP）と呼ぶ。1980年代後半に研究・開発されて1990年代に実機に採用された。これによって約400km/hというヘリコプターの理論的な最高速度も記録した。
　図 (e)も、高速飛行を目的に開発されたものである。
　ただし双方とも複雑な形状をしており、これまでの金属ブレードでは製作に手間取り、製造コストが高騰した。

それを解決したのが複合材料（175ページ参照）で、現在、ほとんどのブレードは複合材料になっている。

b．翼の平面形による失速防止

前述のように、効率のよいブレードにするため、付根と中央、翼端でそれぞれ異なる翼型を採用している。例えば付根付近ではNACA 23016、翼端付近ではNACA 23012を用いる。これを空力的ねじり下げという。

これに対して幾何学的ねじり下げというものがある。

翼はある迎え角になると、必ず境界層の剝離をきたし、失速を招くことは前述した。しかし失速は翼全体にわたって一様に生じるのではなく、翼の平面形によって、失速が始まる場所と失速の広がり状態が異なる。

そこでブレードは、翼端部へいくに従い迎え角が小さくなるように、「ねじり下げ」をつける。これが幾何学的ねじり下げである（図2-19）。

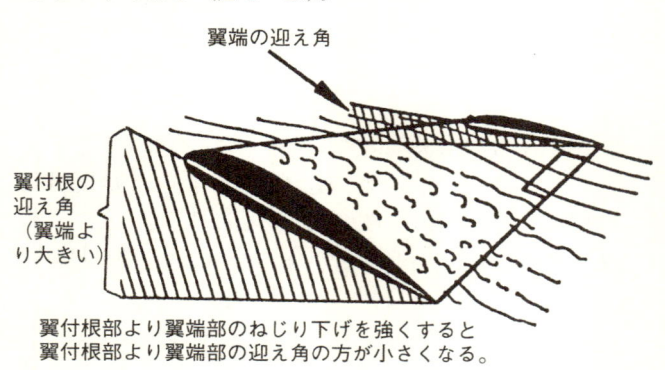

翼付根部より翼端部のねじり下げを強くすると
翼付根部より翼端部の迎え角の方が小さくなる。

図2-19　ブレードの「ねじり下げ」

こうすると、有効な迎え角が翼端にいくほど小さくなるため、翼端部の失速を遅らせることができる。

ブレードにねじり下げをつけたときの圧力分布は、ブレード全体にほぼ平均化している（図2-20）。

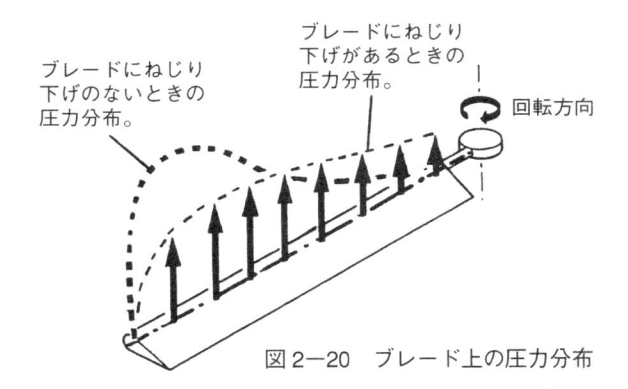

図2-20　ブレード上の圧力分布

ねじり下げをつけないと、圧力分布は翼端側に偏るため、ブレード付根には大きな曲げモーメントが働き、好ましくない。

2-5　ヘリコプターの安定

空中にある飛行機やヘリコプターに安定性がなかったら、飛べないことはないが、もはや乗り物ではなくなる。事実、飛行機の初期には安定性が悪く、事故につながるケースが多かった。

しかし飛行機の安定性は歴史とともに進歩し、現在では、そのような事故は希である。

一方、ヘリコプターは本質的には不安定な性質があり、これも飛行機に比べて実用化が大きく遅れた一因だった。

　ヘリコプターの操縦は、安定性がない分、飛行機に比べてむずかしくなる。

　そこで、ヘリコプターのパイロットになる場合は、まず飛行機で安定性や操縦性を会得してから、ヘリコプターに移行する習わしとなっている。

a．安定の種類

　安定には静安定と動安定がある。

　まず静安定を見てみる。

　図2-21 (a)は、くぼみにボールを放し、それが時間の経過とともにひとりでに元の位置に戻る様子を示している。この状態を安定（静的安定）という。

　同図 (b) は、平面にボールを転がした状態で、ボールは元の位置には戻らない。これを中立安定（静的中立安定）という。

　同図 (c) は、凸面上にボールを置いた状態で、ボールを

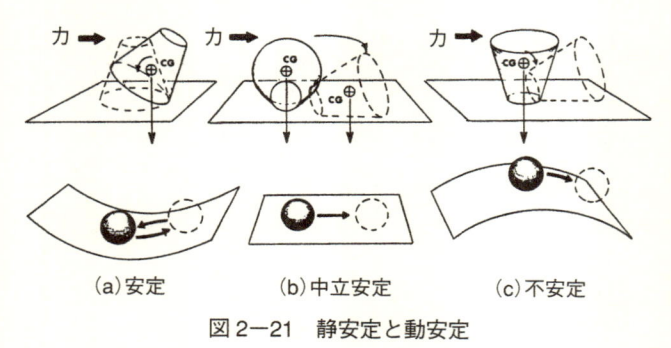

(a)安定　　　　　(b)中立安定　　　　　(c)不安定

図2-21　静安定と動安定

放すと決して元の位置に戻ることはない。これを不安定（静的不安定）という。

次に同じ図で動安定を見る。この場合、ボールの運動を時間の経過とともにとらえることになる。

同図 (a) のボールは、当初、凹面内を移動しているが、時間とともに凹面内の谷に止まる。この現象を「動安定が正である」という。

もしも表面の摩擦力がないとすれば、理論的に、ボールは永久に振り子のように振動し続ける。このような現象を「動安定が中立である」という。

動安定を別の角度から見ると図2－22のようになる。

いまヘリコプターが同図 (a) のA点（高度）まで水平飛行していて、その後に突風を受けて機首下げになったとする。

この機首下げはある時点まで続くが、その後は機首上げに転じ、そして再び機首下げと、時間の経過とともに振幅が減り、B点では元の水平飛行に戻る。この状態は「動安定が正（動的安定）である」といえる。

攪乱を受け同図 (b) のように振動がいつまでも続く状態を「動安定が中立（動的中立安定）である」という。

また、攪乱を受けたとき、同図 (c) のように、時間の経

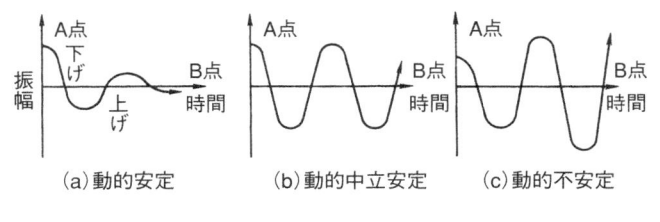

(a) 動的安定　　　(b) 動的中立安定　　　(c) 動的不安定

図2－22　動安定

過とともに振幅がますます大きくなっていく状態を「動安定が負（動的不安定）である」という。

以上を総合すると、航空機は静安定を満たし、かつ動安定を有していなければならない。言い換えると、動安定が必要である前提条件として必ず静安定が存在する。

ただし、静安定が強すぎると、攪乱を受けたとき元の姿勢に戻ろうとする作用が強いので、中立点を通り過ぎ、振幅がますます増大して動的不安定となる。

b．航空機の3軸

ヘリコプターに限らず航空機は、空中での動きが3次元的になる（図2-23）。

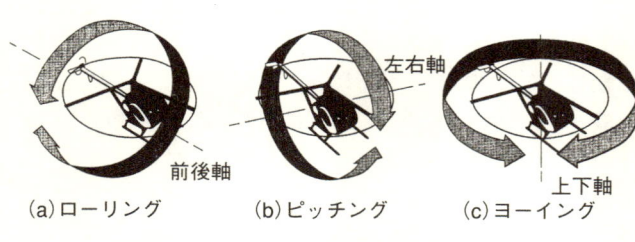

(a)ローリング　　(b)ピッチング　　(c)ヨーイング

図2-23　ヘリコプターの3軸と揺れ

前後軸周りに揺れたときは横揺れ（ローリング）、左右軸周りに揺れたときは縦揺れ（ピッチング）、そして上下軸周りに揺れたときを偏揺れ（ヨーイング）と呼んでいる。

飛行機なら、ローリングが生じたら補助翼で、ピッチングには昇降舵で、またヨーイングには方向舵でそれぞれ修正する。

ところがヘリコプターは、揺れに対して3舵で対処する

第2章　ヘリコプターの空気力学

という明確なものはない。強いて言えば、ローリングとピッチングはメーン・ローターで、ヨーイングはテール・ローターで修正することになる。

c．メーン・ローターの安定

ヘリコプターのメーン・ローターは、速度に関して静的安定である。

一定速度での飛行から加速すると、前進側ローター・ブレードの揚力は増し、後退側ローター・ブレードの揚力は減る（90ページ参照）。そのためメーン・ローターの回転面は後方に傾く。

これにより機首上げモーメントが生じるため、メーン・ローター面の推力は後ろに傾くので、ヘリコプターを減速しようとする（図2-24）。

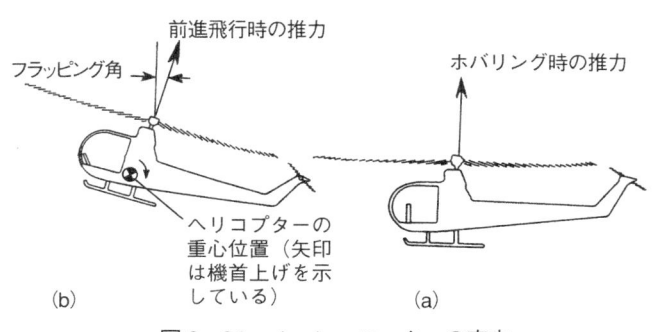

図2-24　メーン・ローターの安定

つまり、前進速度の増大に対してメーン・ローター面の動きは減速する傾向があるから、メーン・ローターは速度に対して静的安定性を持っていることになる。

d. ホバリング中の安定

ヘリコプターがホバリング中に突風等によって姿勢が乱されても、飛行機の主翼の上反角と同じ働きをするので静的には安定である（図2-25）。

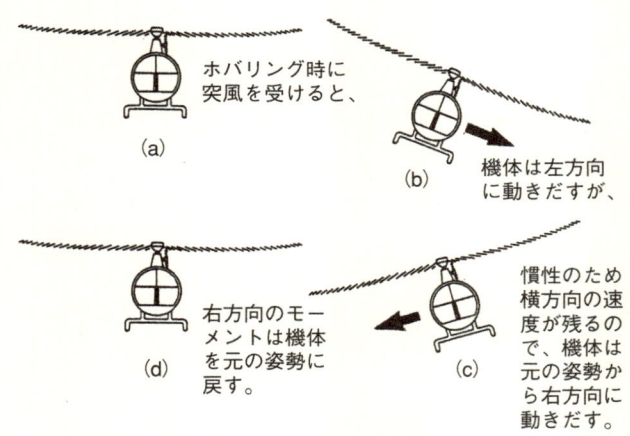

(a) ホバリング時に突風を受けると、
(b) 機体は左方向に動きだすが、
(c) 慣性のため横方向の速度が残るので、機体は元の姿勢から右方向に動きだす。
(d) 右方向のモーメントは機体を元の姿勢に戻す。

図2-25　ホバリング中の安定

ただしホバリング時の動的安定性を調べてみると、動的には不安定となる。

このほか、前進飛行時の安定性（縦の静的安定、縦の動的安定、横・方向の安定）などがあるが、これらは非常に複雑であるので専門書に委ねることにする。

3章

ローターのメカニズム

3-1 ブレードの数と大きさ

揚力を生む部分（主翼）を、飛行機では固定翼という。これに対して、ヘリコプターではローター（回転翼）と呼んでいる（図3-1）。

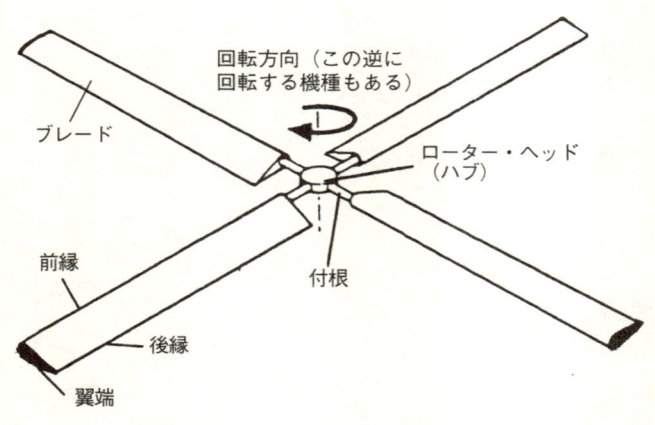

図3-1 ローターの構成

a．ブレードの数

ローターは、何枚かのブレード（羽根：図3-2）で構成されている。例えば図3-1は4枚ブレードだが、この他に2枚、3枚、あるいは5～7枚のブレードのメーン・ローターもある。

ローターに作用する荷重や運動は、きわめて複雑なため、ブレードは、その時代の最先端技術を駆使し設計・開発さ

第3章　ローターのメカニズム

ヘリコプターの揚力はメーン・ローターから得るが、これは2〜7枚のブレードから構成されている（ヘリコプターの機種によって異なる）。

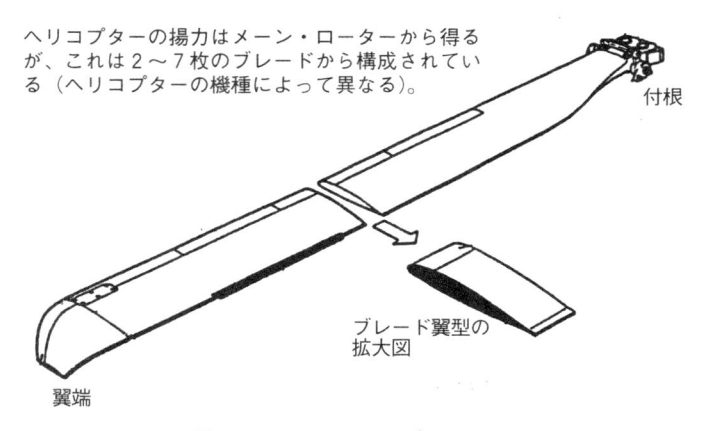

付根

ブレード翼型の拡大図

翼端

図3−2　ローター・ブレード

れている。

　ブレードの前方を前縁、後端を後縁、ブレード先端を翼端という。付根はローター・ヘッド（またはハブという）に結合されている。ローター・ヘッドは回転軸に接続されており、エンジンからの駆動力で回される。

b．ローターの直径

　ローターの直径は機種によって異なる。

　小型ヘリコプターで10m前後で、これは固定翼の小型単発機の翼幅とだいたい同じである。

　中型ヘリコプターでは12m前後で、これは固定翼の小型双発機（6〜10人乗り）の翼幅とほぼ同じである。

　また大型ヘリコプターでは16m前後で、小型コミューター機（14〜16人乗り）の翼幅と同一である。

　ところが30人乗りの大型ヘリコプターとなると、ロータ

ー直径は 18〜19m であるのに対して、飛行機（固定翼機）の30人乗りの翼幅は 21m 以上となる。

これは翼弦線（翼の前縁と後縁を結んだ線：53ページ図 2-15 参照）が異なる（固定翼機の翼弦線の方がブレードより大きい）ほか、ローターはブレードが4〜7枚あるのに対して、固定翼は左右2枚しかないなど、いろいろな要素が絡むためである。

つまり、乗客数で見たローターの直径と飛行機の翼幅とは、必ずしも一致しない。

3-2 メーン・ローターの構造

ヘリコプター主要部の名称を図 3-3 に示す。このうちメーン・ローターとテール・ローターは、エンジンとともにヘリコプターの心臓部分である。

図 3-3 ではメーン・ローター、テール・ローター、エンジンなどの相互関係が分かりにくいので、それらを簡素化したものを70ページ図 3-4 に示す。

エンジンからの駆動力は、フリーホイール・クラッチを介して、トランスミッションの減速ギアなどに伝達される。

トランスミッションは、エンジンの回転速度を減速するほか、メーン・ローターとテール・ローターを駆動する。

メーン・ローターのブレードは、前述のように、飛行機の主翼とほぼ同じ翼型をしており、これが回転すると、ブレードには上向きの揚力が発生し、ヘリコプターは浮揚することになる。

第3章　ローターのメカニズム

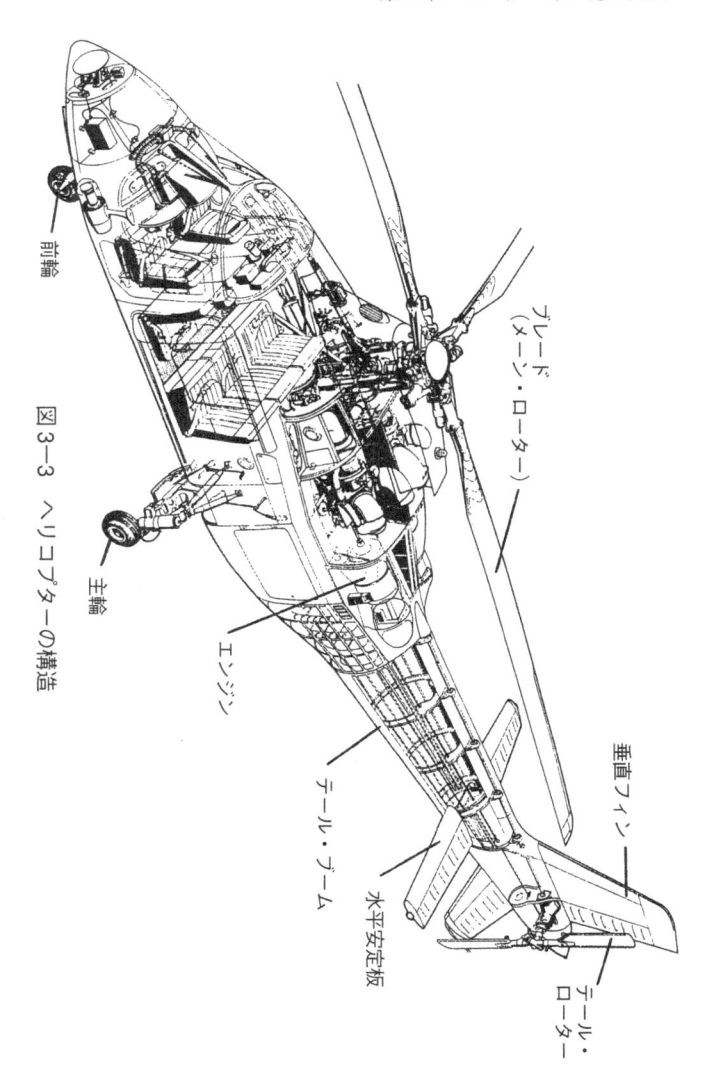

図3-3　ヘリコプターの構造

- 前輪
- 主輪
- ブレード（メーン・ローター）
- エンジン
- テール・ブーム
- 水平安定板
- 垂直フィン
- テール・ローター

図3-4 動力伝達系の概念図

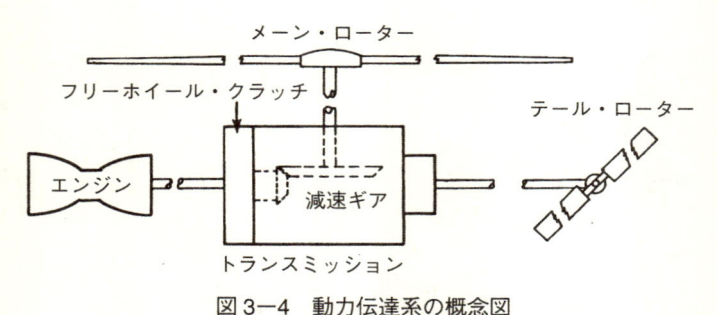

a．ブレードへの3つの荷重

ただし、ヘリコプターのブレードに作用する荷重などは、飛行機の主翼やプロペラに作用するのとは異なる。

ローターが回転し、かつヘリコプターが浮揚すると、個々のブレードには3つの運動が生じる。

フラッピング・ヒンジ（X軸）周りに回転する運動、フェザリング・ヒンジ（Y軸）周りに回転する運動、そしてドラッグ・ヒンジ（Z軸）周りに回転する運動である（図3-5）。ドラッギングは、リード・ラグ運動ともいう。

ブレードがこのように動き、またその荷重に耐えられなければ、ヘリコプターとしての機能が発揮できない。

これらの運動をスムーズにするように、全関節型、半関節型、無関節型、ベアリングレス型などのローターが設計・開発された。

b．全関節型ローター

この3つの力に対応し、それぞれの運動ができるようにしたローターを全関節型（図3-6）という。すなわち、ブ

第3章 ロターのメカニズム

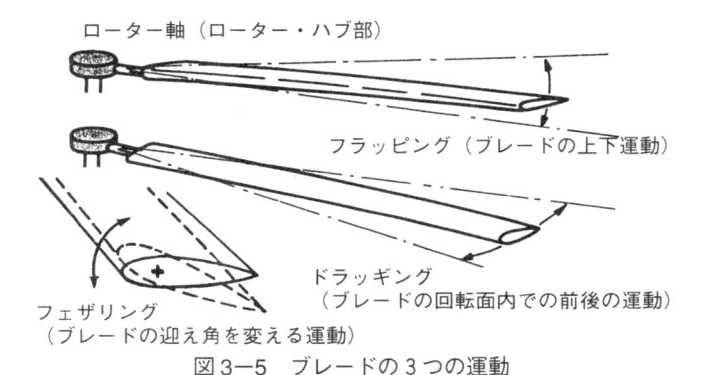

ロター軸（ロター・ハブ部）

フラッピング（ブレードの上下運動）

フェザリング
（ブレードの迎え角を変える運動）

ドラッギング
（ブレードの回転面内での前後の運動）

図3—5 ブレードの3つの運動

ローター回転軸　Z軸　ブレード
ドラッグ・ヒンジ
Y軸
フェザリング・ヒンジ
ドラッグ・ダンパー
X軸 フラッピング・ヒンジ

図3—6 全関節型ローターのヒンジ構成

レードが3軸周りに回転できるようにした形式である。
　ドラッグ・ヒンジにはダンパーが取り付けられ、ブレードのドラッギング運動を減衰している。
　次ページ図3-7は全関節型ローターを簡略化し、フェザリング・ヒンジ、フラッピング・ヒンジ、ドラッグ・ヒ

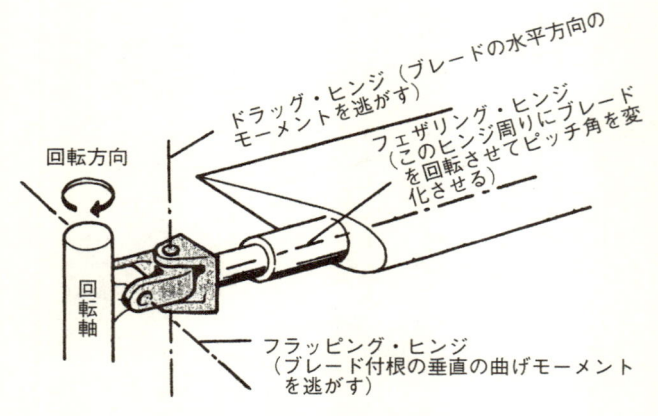

図中ラベル:
- 回転方向
- 回転軸
- ドラッグ・ヒンジ（ブレードの水平方向のモーメントを逃がす）
- フェザリング・ヒンジ（このヒンジ周りにブレードを回転させてピッチ角を変化させる）
- フラッピング・ヒンジ（ブレード付根の垂直の曲げモーメントを逃がす）

図3-7　全関節型ローターの概略

ンジを理解しやすいようにしてある。

c．半関節型ローター

上述の3軸のうちドラッグ・ヒンジのないものを半関節型という。その代表的なものは2枚ブレードのローターで、両方のブレードを一体として、同一フラッピング・ヒンジで支えるシーソー型である（図3-8）。

半関節型は、フェザリング・ヒンジによって、Y軸周りに2枚のブレードが、同時にフェザリング運動を行い、またヒンジのX軸周りにフラッピング運動を行う。

ただしこの型式のローターは、ドラッギングはできないので、ブレード自身のたわみで対応している。

半関節型ローターは、全関節型に比べてローターの機構が単純なので、初期の小型ヘリコプターのほとんどが採用していた。

第3章 ローターのメカニズム

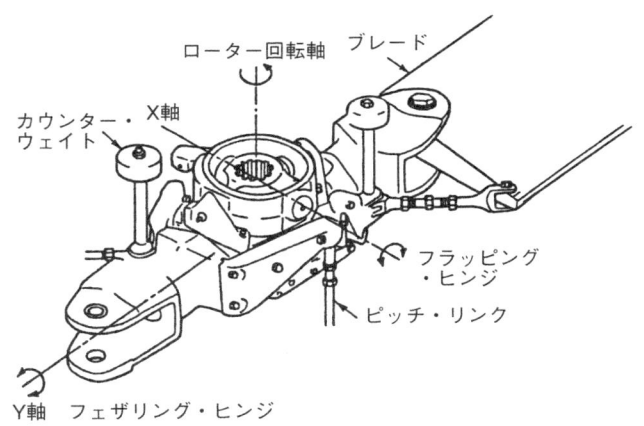

図3-8 半関節（シーソー）型ローター

d．無関節型ローター

フェザリング・ヒンジだけで、その他のヒンジがない型式を無関節型ローターという。全関節型ローターに比べ、構造が大幅に簡素化されるなど、多くの利点がある

ただし、フラッピング・ヒンジとドラッグ・ヒンジがないため、ブレードの付根には大きな曲げモーメントが加わる。また安定性も悪く、振動なども生じる。

そのため、なかなか実用化されなかったが、ブレードの材質が向上して、1960年代に設計・開発されたヘリコプターから採用されるようになった。

無関節型ローターのハブ（ローターの中心部分の構造で、ローターをエンジンの駆動軸に連結する部分）は、ローター・スターとグリップで構成され、フェザリング・ヒンジ以外のヒンジはない。

次ページ図 3-9 (a)で示したハブは、機械的なヒンジは

ローター・スター
内部拡大図（金属製）

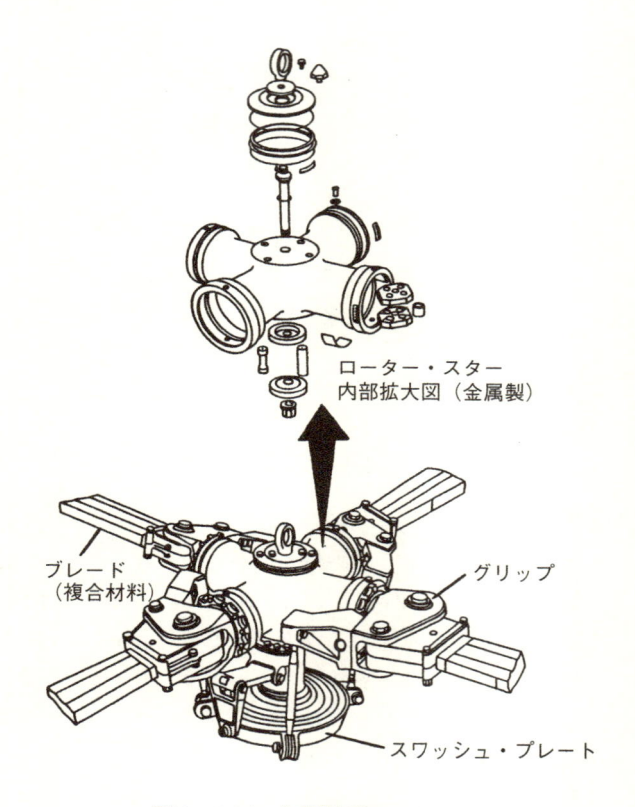

ブレード
（複合材料）

グリップ

スワッシュ・プレート

図 3-9 (a)　無関節型ローター

ない。代わりに次に述べるインナー・スリーブの働きを利用するか、複合材料（175ページ参照）によるたわみによって、実質的にフラッピング、フェザリング、ドラッギング運動を可能にしている。

　図 3-9 (a) を詳細に見たのが同図 (b) である。

　図中のインナー・スリーブは、ローター・ブレードの迎

第3章　ローターのメカニズム

図3－9(b)　無関節型ローターの構成

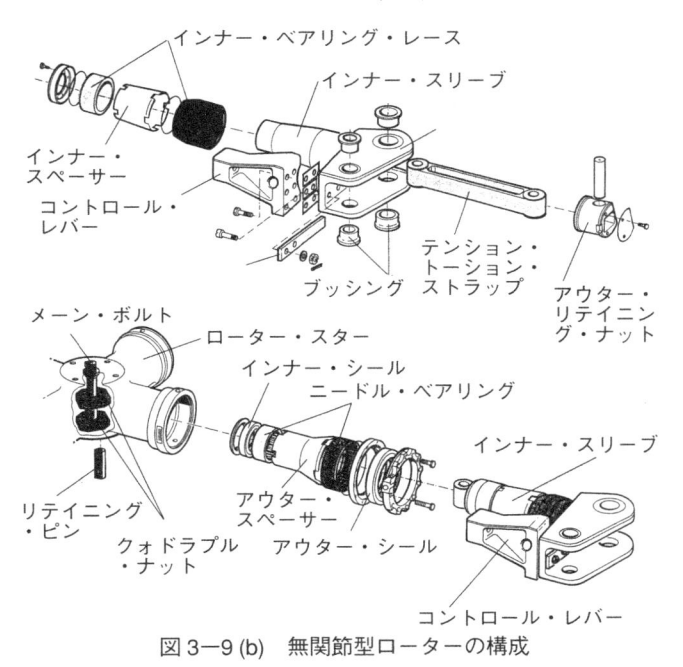

え角をコントロールするためのフェザリング・ヒンジの役目を果たすと同時に、ブレードに生じる揚力をローター・ヘッドに伝達する。

　テンション・トーション・ストラップは、回転するローター・ブレードの遠心力によるテンションを支える。また、フェザリングを可能にするため、ねじり方向が柔軟に設計されている。

　各テンション・トーション・ストラップは、一端をローター・ヘッド内の上下クォドラプル・ナットを貫通するリテイニング・ピンで、他端はインナー・スリーブにアウタ

ー・リテイニング・ナットで止められている。

ドラッギング運動、フラッピング運動は、ハブを介して、直接トランスミッションや機体構造に伝わる。この運動（荷重）をまともに受けたのでは、ブレードや機体構造はもたない。

その対策として、金属製ブレードを複合材料に換えている。複合材料はたわみや腐食に強いので最近のほとんどのローター（メーン・ローター、テール・ローターとも）がこれを用いている。

ブレードがたわむので、あたかもドラッグ・ヒンジとフラッピング・ヒンジが付いているような動きとなる。

e．ベアリングレス型ローター

ヒンジにはベアリングが付いている。このベアリングに潤滑油がなくなり、そのままにしておくと焼き付いてしまう。そこで、定期的に潤滑油の点検や補充を行わなければならない。

またヒンジがなければ、それだけローターの重量軽減・安全性の向上・抗力の減少・構造の単純化・構造の長寿命化など、さまざまな利点が生じる。

そのため技術者の究極の目標は、すべてのヒンジをなくすことである。この夢を実現したのがベアリングレス型ローター（図3-10）である。

これらのほとんどの部品が複合材料でできている。これにより、メーン・ローターの3軸周りの運動は、機械的なヒンジを使用することなく、すべて複合材料製のヨークの弾性変形だけで行っている。

第3章　ローターのメカニズム

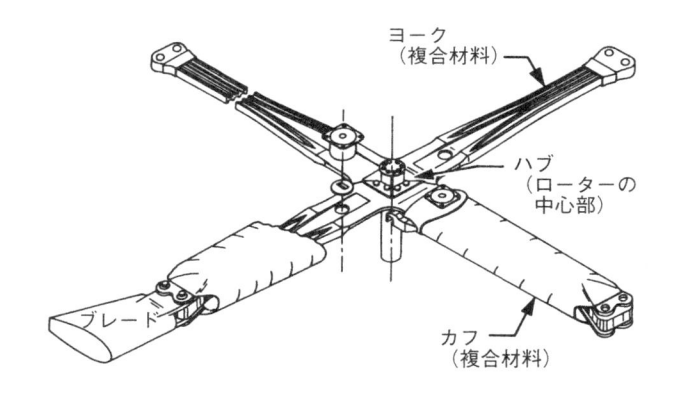

図3－10　ベアリングレス型ローター

◆　エラストメリック・ベアリング

　通常のベアリングには多くのデメリットがある。そこで、エラストメリック（スヘリカルともいう）・ベアリング（次ページ図3－11）が開発された。

　これは提灯のような構造となっている。提灯の紙材部分がゴム、竹材（骨）の部分が薄い金属板で構成されていて、それを何層にも重ねている。

　ゴムがたわむ（剪断弾性変形）ことで、ある角度範囲の曲げなどに耐えられ、また薄板の金属で圧縮荷重に持ちこたえられるようにしている。

　もちろん、これには滑油が不要である。

　このエラストメリック・ベアリングは、無関節型ローターのフェザリング・ヒンジの他、従来のベアリングを用いていたさまざまな部品に採用されている。

　ただし360°の回転部分には使用できない。

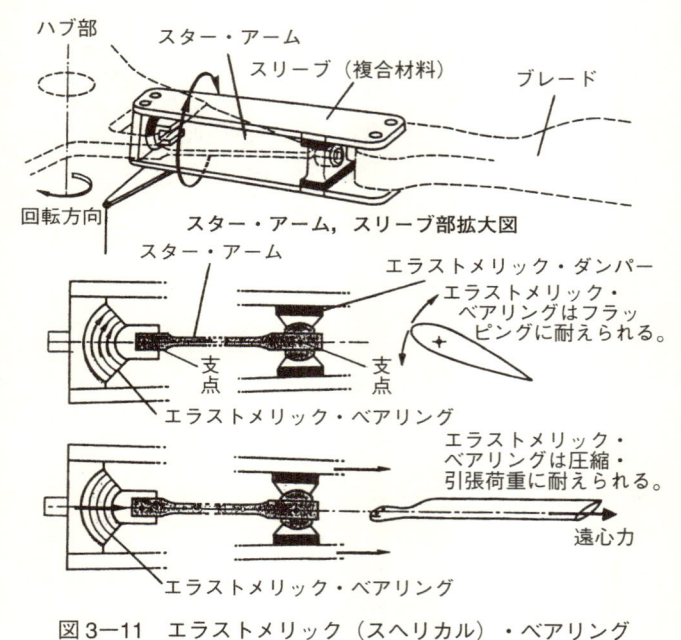

図3-11 エラストメリック（スヘリカル）・ベアリング

3-3 テール・ローター

a. テール・ローターの配置

メーン・ローターが回転すると、その力（トルク）の反作用で胴体はメーン・ローターの回転とは逆の方向に回される。これを防ぐ（アンチ・トルク）のがテール・ローター（図3-12）である。

テール・ローターの配置は、機種によって若干異なる。

第3章 ローターのメカニズム

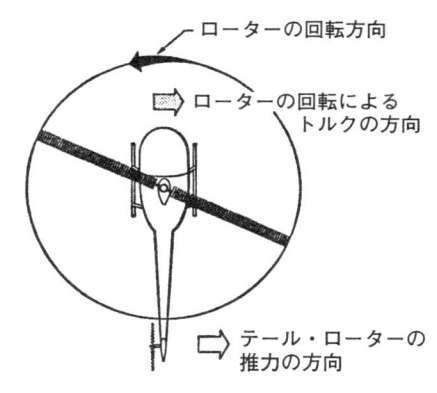

図3-12 テール・ローターの役割

垂直フィンの中央付近に取り付けた機種(次ページ図3-13 (a))と、垂直フィンの先端に配置した機種(同図(b))がある。

　従来の機種や、現在でも数機種のテール・ローターは、同図(a)に示した位置に配置されているが、回転しているローターに人が接触する事故の防止のため、同図(b)のように、より高い位置に取り付ける機種が増えてきた。

　ただしこの配置は、構造的にできない機種もある。

b．テール・ローターの構造 ─────────

　テール・ローターの構造は、基本的にはメーン・ローターと変わらない。ただしコレクティブ・ピッチによる変化は行うが、サイクリック・ピッチの動きはない。

　小型・中型ヘリコプターのほとんどは、シーソー型のローター(2枚ブレード)を採用している。また大型ヘリコプターでは3枚以上のブレードを有する全関節型ローター、および半関節型ローター(シーソー型：図3-14)を

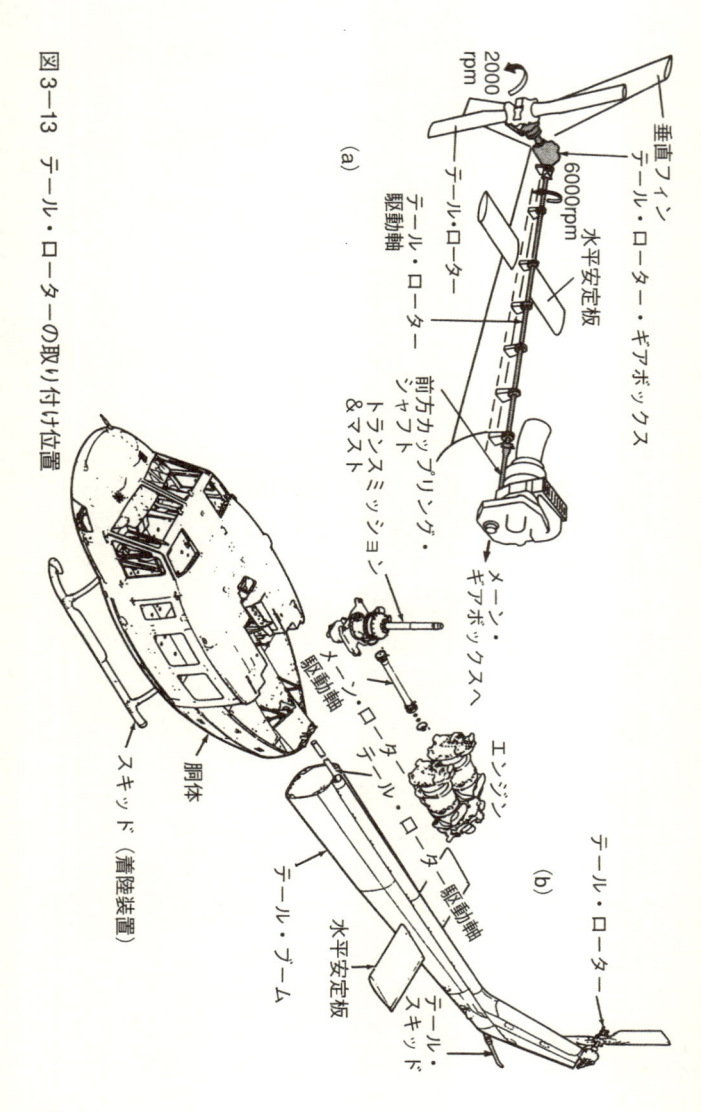

図3-13 テール・ローターの取り付け位置

第3章 ローターのメカニズム

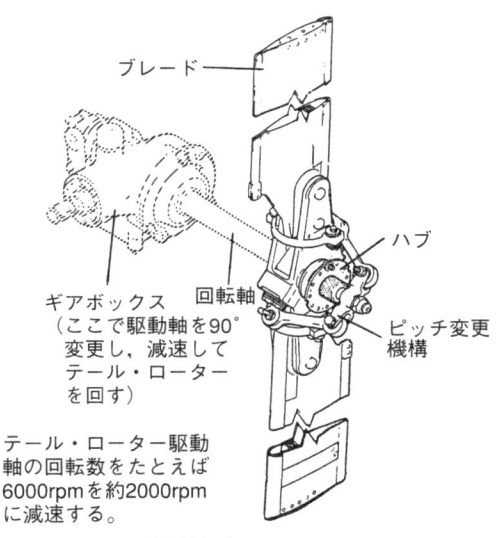

図中ラベル:
- ブレード
- ギアボックス（ここで駆動軸を90°変更し，減速してテール・ローターを回す）
- 回転軸
- ハブ
- ピッチ変更機構
- テール・ローター駆動軸の回転数をたとえば6000rpmを約2000rpmに減速する。

図3－14　半関節型テール・ローター

用いている機種が多い。

　テール・ローターのブレードの翼型は、メーン・ローターの翼型とほぼ同じである（次ページ図3－15）。

　そして操縦席のアンチ・トルク・ペダルを動かすことで、ブレードの迎え角が変化する。それによって、テール・ローターの発生する推力が増減できる。

c．テール・ローターの形式

　初期のテール・ローターは、ローターの囲みなどはない（図3－13参照）。しかもメーン・ローターに比べ、その位置は低い。特に図3－13 (a) のような低位置にあると、人が接触しやすく危険である。

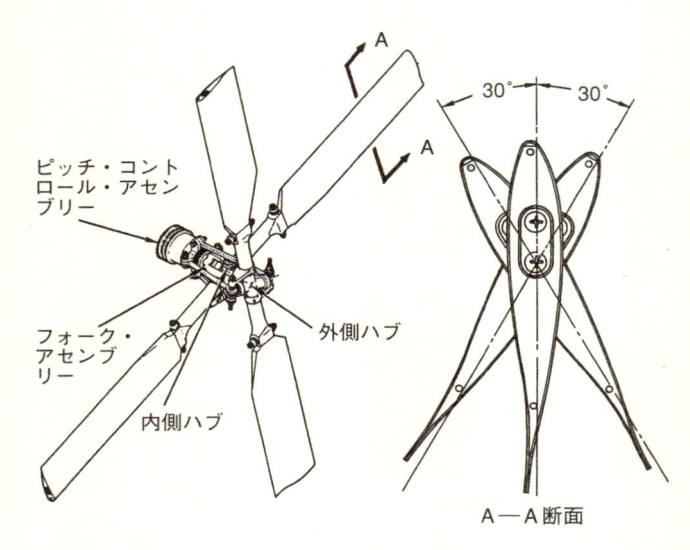

図3−15 テール・ローター・ブレードの翼型

また、ヘリコプターの騒音低減や機体の抗力削減の面からも、テール・ローターの改良が急がれていた。

その結果登場したのが、次に述べるタイプである。

ただし現在でも、一部のテール・ローターは従来のままである。

◆ フェネストロン

垂直フィンの中にファンを埋め込んだ形式（図3-16）。

フェネストロンは、十数枚のファン・ブレード（動翼）とステーター・ベーン（静翼）からなり、これにファン・ブレードを回転させる駆動軸とブレードのピッチを変更する機構で構成されている（図3-17）。

ちなみにフェネストロンとはフランス語の小窓の意味

第3章 ローターのメカニズム

メーン・ローター直径 10.2m、全長12.1m、胴体全幅 1.56m、胴体全長 10.2m、全高 3.62m、エンジン出力 621shp×2、最大速度 287km/h、実用上昇限度 6096m、航続距離 720km、最大重量 2720kg、座席数 8（パイロット1名含む）

図3−16　フェネストロン(ユーロコプターEC135)

ステーター・ベーン
（静翼）

ファン・ブレード
（動翼）

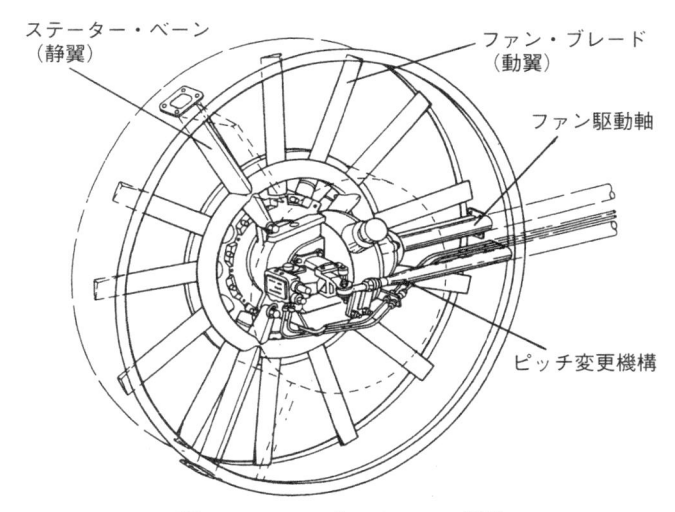

ファン駆動軸

ピッチ変更機構

図3−17　フェネストロンの構造

で、メーカーのアエロスパシアル社の商品名である。

　ヘリコプターから発生する2大騒音源は、メーン・ローターとテール・ローターである。フェネストロンは、そのうちの1つの騒音を低レベルに抑えた。

　当初のフェネストロンでは、騒音低下はそれほどでなかったが、ファン・ブレードを不等間隔に配置し、また回転数を下げることで、騒音レベルの低下に成功した。

　ファン・ブレードを不等間隔に配置すると、各ブレードから発する騒音波の位相がずれて、互いに打ち消し合うことになり、低騒音となったのである。

　またファン・ブレードの先端速度を最大で約670km/hに下げたことも、騒音レベルの低下につながった。ただし回転速度を下げると流量（推力）が低下するので、これを補うため、フェネストロンの直径を大きくしている。

◆　ノーター

　ノーター（NOTAR）とはNo Tail Rotorの略で、その名の通りテール・ローター（またはフェネストロン）をなくしたものである（図3-18）。

　エンジン駆動で回すファンからの高速流をテール・ブームに導き、一部はブームから吹き出させる。この流れと、テール・ブームを迂回するメーン・ローターの吹き下ろしが合わさり、サーキュレーション・ジェットとなって、結果としてテール・ブームに揚力が発生する（図3-19）。

　またファンからの残りの高速流は、テール・ブームの尾端からダイレクト・ジェットとなる。

　このサーキュレーション・ジェット、およびダイレクト・ジェットで、アンチ・トルクとして作用させる。

第3章 ローターのメカニズム

メーン・ローター直径 10.3m、全長 11.84m、胴体全幅 1.62m、胴体全長 9.86m、全高 3.66m、エンジン出力 629shp×2、最大速度 250 km/h、実用上昇限度 6096m、航続距離 602km、最大離陸重量 2722kg、座席数 8（パイロット1名含む）

図3—18　ノーター（MD900）

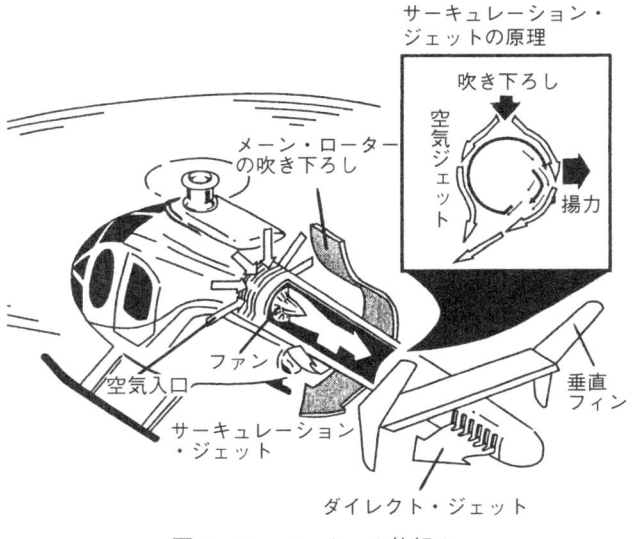

図3—19　ノーターの仕組み

ホバリングでは、サーキュレーション・ジェットとダイレクト・ジェットが半々ずつアンチ・トルクを分担するが、前進飛行し速度が 40〜95km/h になると、ダイレクト・ジェットだけがアンチ・トルクとして働く。

　サーキュレーション・ジェットは、コアンダー効果を利用している。

　コアンダー効果とは、例えば、水道の蛇口から真っ直ぐに落ちる水流にスプーンの凸面を近づけると、スプーンは水流に引き寄せられ、水流も直進せず、スプーンの凸面に沿って流れるようになる現象をいう。

　しかしこの効果は、前進速度が上がるにつれて失われていく。

　その代わり、前進速度がさらに速くなると、垂直安定板（フィン）に流れる気流が強くなるので、ヘリコプターは真っ直ぐ飛行できる。そのためエンジン駆動のファンの回転は少なくて済むので、結果的にはエンジンの燃料消費を少なくすることができる。

3-4 ホバリング時のブレードの運動

a．コーニング

　空中の一点で静止したまま浮いている状態を、ホバリングといい、これはヘリコプター特有の飛行状態である。

　ヘリコプターが地上に駐機中でローターが回転していないときには、ブレードは自重で垂れ下がっている。

　しかしローターが回転し始めると、遠心力で、ブレード

第3章　ローターのメカニズム

はローター軸にほぼ直角の状態となる（図3-20 (a)）。

またヘリコプターが浮上中は、ブレードに遠心力の他に揚力が発生するので、ブレードは上方にフラッピングして、逆円錐を形成する。これをコーニングという（同図 (b)）。

(a) 離陸前のブレード
（回転している：ローター軸に直角）

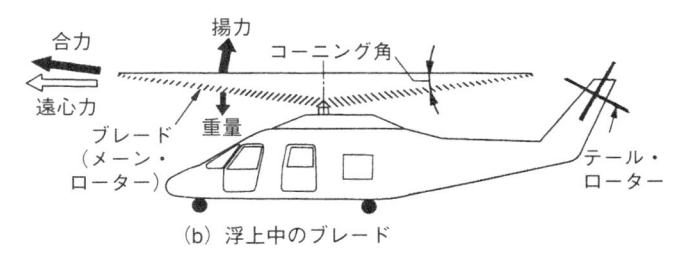

(b) 浮上中のブレード

図3-20　メーン・ローターのコーニング

この時、円錐の底面とブレードの斜面とのなす角を、コーニング角という。

コーニング角の大きさは、遠心力と揚力の釣り合いで決まり、合力の方向に等しい。

ただし、ヘリコプター重量が同じでローター回転数が少なくなれば、遠心力が減るから、コーニング角は増える。

一方、ローター回転数が同じでヘリコプターが軽くなると、揚力は少なくてすみ、コーニング角も小さくなる。

全関節型ローターでは、コーニング角に応じてブレードがフラッピング・ヒンジ周りに上下するので、ブレード自体には曲げモーメントはかからない。

一方、半関節型および無関節型ローターでは、コーニング角の変化に応じてブレードが上下できない。

　そこで最初から、最も多く飛行するコーニング角に対応する角度分だけ、ブレードを上方に角度をとってローター・ハブに取り付けている。

　その他の飛行状態によるコーニング角の変化は、ハブまたはブレードのたわみによって行われる。

b．ドラッギング

　ブレードがドラッグ・ヒンジ周りに運動する行程をドラッギングといい、その大きさ（角度）をドラッグ角と呼んでいる。

　ドラッグ角の大きさは、ローターの運転および飛行状態によって異なる（図3-21）。

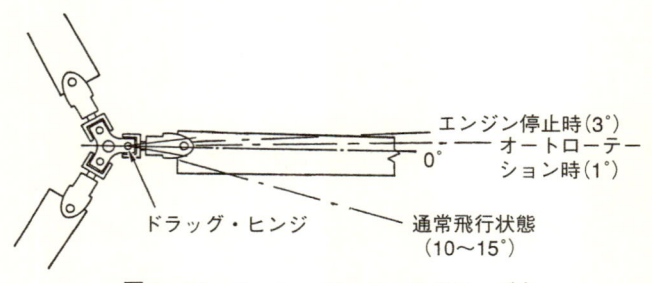

図3-21　メーン・ローターのドラッグ角

エンジン停止時(3°)
オートローテーション時(1°)
0°
ドラッグ・ヒンジ
通常飛行状態(10〜15°)

　例えばエンジン始動時は、起動トルクによってブレードは25°程度の遅れ角となる。

　そして通常飛行状態では、ブレードの抗力と遠心力の関係から10〜15°の遅れ角となる。

一方、エンジン停止時には回転軸はブレーキングされるが、ブレード自身の慣性によって3°程度の進み角をとる。

オートローテーション時では、ブレードは空気力によって駆動されるので1°程度の進み角となる。

なお無関節型ローターでは、ドラッグ・ヒンジがないため、ブレード自身の弾性によって前後にたわむようになっている。

3-5 前進飛行時のブレードの運動

a．フラッピング

ヘリコプターがホバリングしているとき、ローター・ブレードの回転速度は、ローター付根付近・ローター中間・ローター先端でそれぞれ異なる（図3-22 (a)）ものの、この現象は空力的には特に問題はない。

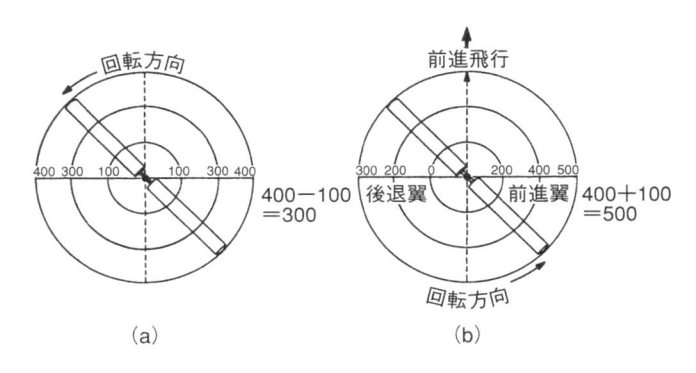

図3-22　メーン・ローターの相対速度

ところが、ヘリコプターが100mph（約160km/h）で前進飛行すると、ローター各部分の回転速度は同図 (b) のようになる。

つまり図中の右90°点でのローター先端速度は、ローターの回転速度とヘリコプターの前進速度との和、すなわち400＋100mphとなる（この右半分に位置するローターを前進翼という）。

一方、左90°点での先端速度は、ローターの回転速度とヘリコプターの前進速度との差、400－100mphとなる（この部分のローターを後退翼という）。

すなわち、右側90°点の前進翼では、気流の速度が最大になり、逆の左側90°点の後退翼では、気流の速度が最小になる。

この時、前進翼と後退翼の迎え角が同じだったら、揚力発生のメカニズムから、前進翼側の揚力は大きく、後退翼側の揚力は少なくなる（図3－23 (a)）。

この状態では、ヘリコプターは横転してしまう。

そこで、メーン・ローター（ブレード）のフラッピング運動が必要になる。

前進翼側では揚力が増すため、ブレードがフラップ・アップして上がると、迎え角が小さくなるので揚力が減少する。一方、後退翼側では揚力が減るため、ブレードがフラップ・ダウンして下がり、迎え角が大きくなるので揚力は増大する（図3－23 (b)）。

このようにヘリコプターのブレードは、フラッピングすることで、前進翼側・後退翼側のブレードに生じる揚力をバランスさせ、飛行を安定させるのである。

第3章 ローターのメカニズム

後退翼
(対気速度が小で揚力も小)
270°

前進翼
(対気速度が大で揚力も大)
90°

(a) フラッピングしない場合(迎え角一定)

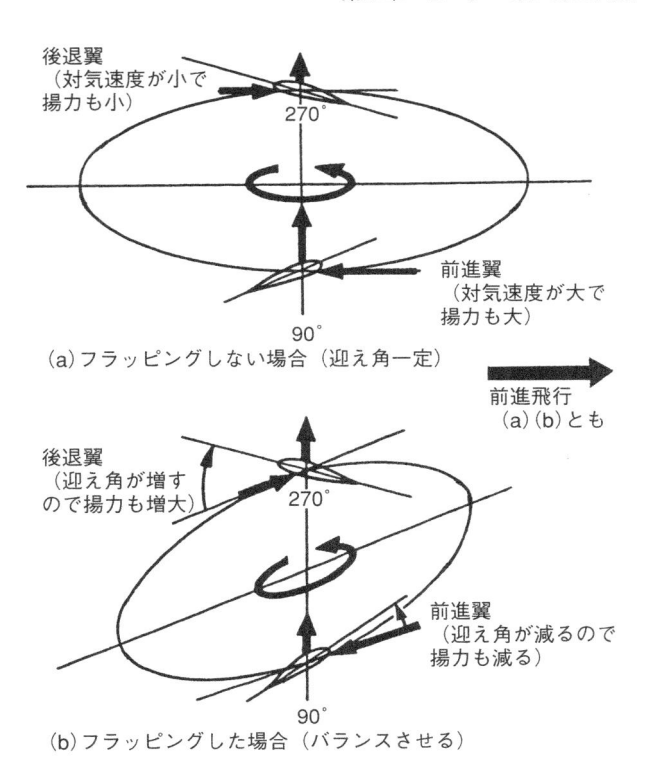

前進飛行
(a)(b)とも

後退翼
(迎え角が増すので揚力も増大)
270°

前進翼
(迎え角が減るので揚力も減る)
90°

(b) フラッピングした場合(バランスさせる)

図3―23 メーン・ローターのフラッピング

b. サイクリック・フェザリング

このようなフラッピングは、サイクリック・ピッチ操作でも行われる。

ヘリコプターが、ホバリング状態から前進・横進・後進などの飛行をしようとする場合は、サイクリック・ピッ

チ・スティックの操作によって行う。スティックを希望の方向に操舵すると、ローター回転面が傾くため、ヘリコプターはその方向に進むようになる。

例えば、前進飛行する場合は、まずサイクリック・ピッチ・スティックを前方に操舵する。するとローター回転面が傾斜する（図3-24）。

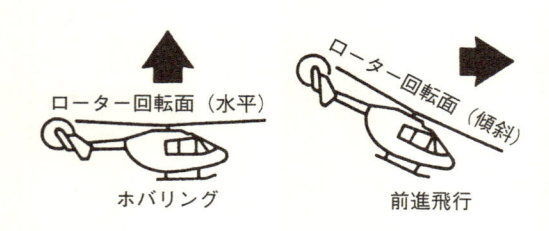

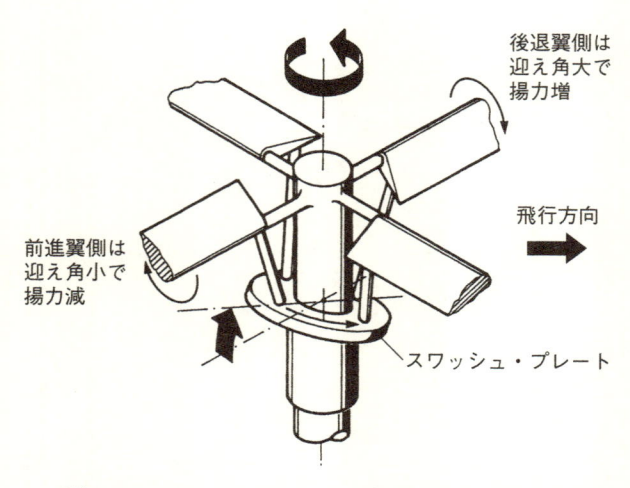

図3-24　メーン・ローターの傾きと揚力発生の方向

第3章 ローターのメカニズム

　このとき、前述のように、ブレードのフラッピングによって前進翼と後退翼の揚力はバランスされているが、同時にブレードのフェザリング運動でも揚力がバランスされる。

　つまり前進翼側の迎え角を小さくし（揚力減）、後退翼側の迎え角を大きく（揚力増）するような、周期的なフェザリング運動を与えて回転させるのである。

c．ジャイロのプリセッション

　ジャイロは一種のコマである。これを2軸または3軸のジンバルで支え、電気や空気で矢印の方向に高速回転していたとする（図3-25 (a)）。

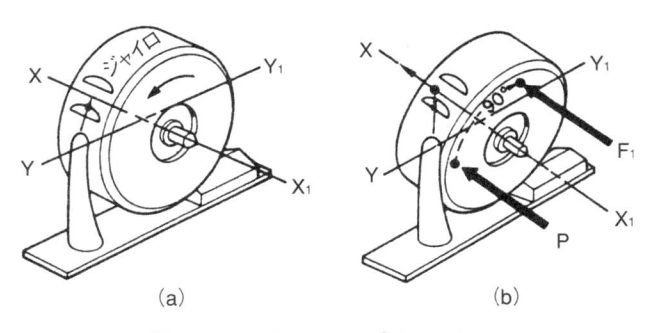

図3-25　ジャイロのプリセッション

　このジャイロに、同図 (b) に示すF_1に力を加えると、加えた点から回転方向へ90°進んだ位置に、同じ大きさの力Pが働く。そのためジャイロ軸X-X_1は図のように傾く。

　これがジャイロのプリセッションと呼ばれる運動である。

　回転中のローターは、まさにジャイロなので、このプリセッションが生じる。

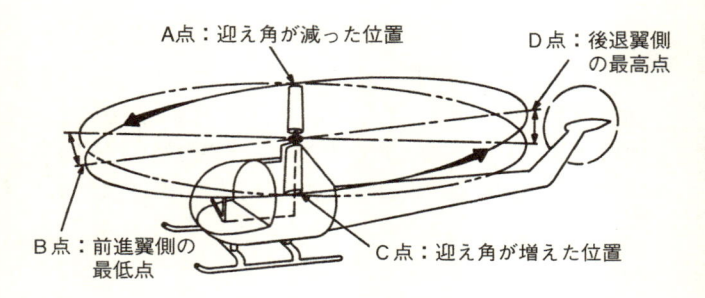

A点：迎え角が減った位置
D点：後退翼側の最高点
B点：前進翼側の最低点
C点：迎え角が増えた位置

図3－26　メーン・ローターのプリセッション

　つまり図3-26のA点で迎え角が減ったにもかかわらず、その効果が現れるのはA点から90°回転したB点であり、ここの位置にきたブレードが最低点となる。逆にC点で迎え角が増大しても、その点から90°回転したD点位置でブレードは最高点に達するのである。

d．コリオリの力

　ブレードがコーニングになった状態で、その面が傾斜すると、ブレードはドラッグ・ヒンジ周りに運動を行う。

　ローターの回転面が、回転軸に対してある角度だけ傾いて回転しているとする（図3-27）。このとき、前進側ブレードの重心位置はF点ではfからf′に移動する。

　これはF点でのブレード速度が最大であるため、回転中心（ハブ）に近づいたことになる。しかし最小速度となる後進側ブレードのS点での重心位置は、sからs′へと回転中心から離れる。

　空気力の変化がなければ、回転中のブレードは、すべての回転位置で角運動量が一定でなければならない（角運動

量の保存法則)。そこで、図中F点でのブレード重心位置は、回転中心からの距離が小さくなった分だけ速度が速くなる。

他方、図中S点のブレード重心位置は、回転中心からの距離が大きくなるので、その分だけ速度は遅くなる。

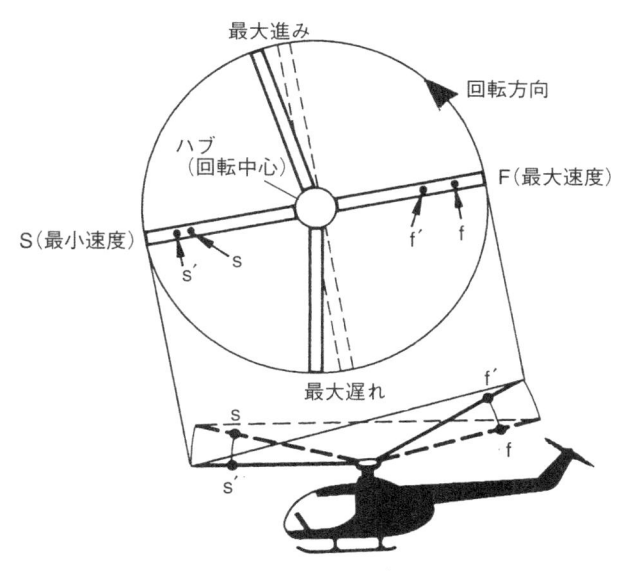

図3-27 メーン・ローター・ブレードの重心位置

このようなブレードに速度の相違を生じさせる力を、コリオリの力という。フィギュア・スケートでスピンを行うとき、左右に伸ばした腕を引くとスピン・スピードが速くなるのも、このコリオリの力によるものである。

ただしこの現象は、ローター・ブレードがコーニングしている時にだけ生じ、コーニング角ゼロでは起きない。

e. ドラッギングの吸振

コリオリの力によって、ローター・ブレードの付根とローター・ヘッド（ハブ）には、大きな曲げモーメントが生じる。

全関節型ローターではドラッグ・ヒンジを設け、このヒンジ周りにブレードが運動できるようにして、コリオリの力による曲げモーメントを防止している。

無関節型ローターではヒンジがないので、ブレードの付根付近に曲げ剛性部分を設け、その部分の弾性変形によってドラッギングするようにしている。

シーソー型ローターでは、ブレードが傾いても、2枚のブレードの重心位置がシーソー・ヒンジ線上に位置するようにしてある（図3-28）。

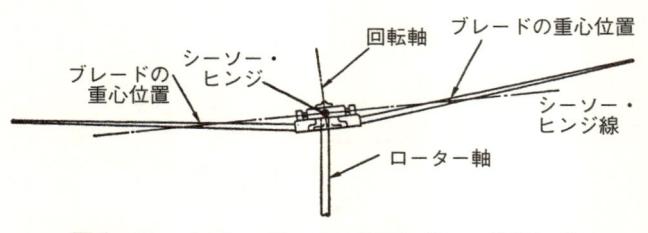

図3-28 メーン・ローターのアンダー・スリング

つまり、回転面が傾いても、双方のブレードの重心位置に差が生じないようになっており、これでコリオリの力を防止している。これをアンダー・スリング（下方吊り下げ）方式ともいう。

さらに、ドラッギング運動がいつまでも続かないように、ダンパーが装備されている（図3-29）。

第3章 ローターのメカニズム

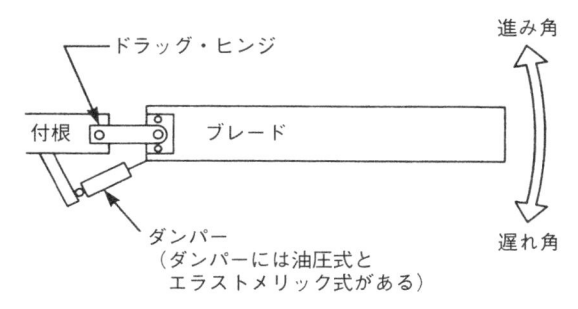

図3-29 ダンパーによるドラッギング防止

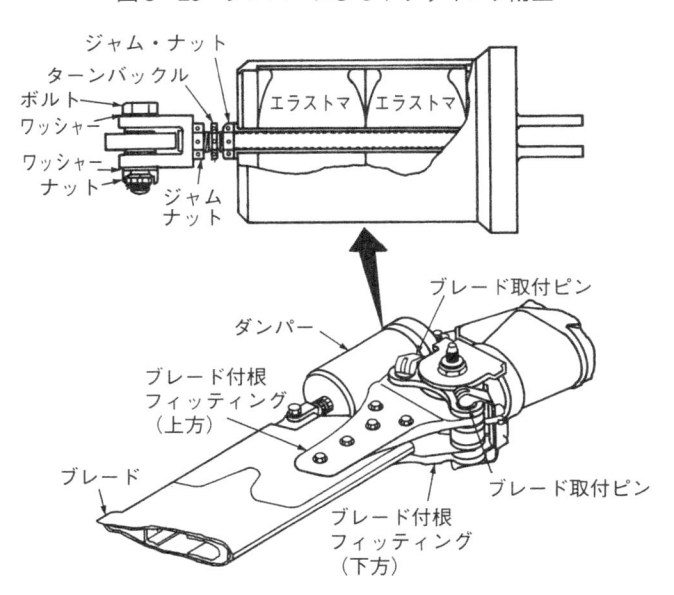

図3-30 エラストメリック・ダンパー

ダンパーにはエラストメリック式と油圧式とがある。
エラストメリック・ダンパー（図3-30）は、エラスト

メリック・ベアリングと同様に、ゴムの剪断変形を利用している。粘性が高いため、適当な吸振特性を有している。

　図は、エラストメリック・ダンパーの取り付け位置と、その内部を示している。ダンパー内にあるエラストマは、シリンダーと内側の軸との間に挿入されている。

　油圧式ダンパーは3種類ほどあるが、その一種では、ダンパー内（シリンダー）にオリフィス（小穴）のあいたピストンと、作動油が入っている。

　振動が起きたとき、作動油がオリフィスを通って流れるため、ピストンが鈍感に動いて最終的には固着（振動を止める）するようにしてある。

　以上のように回転する翼は、飛行機の固定翼（主翼）に比べ、きわめて複雑な運動を行う。

　ヘリコプターの初飛行や実用化が、飛行機に比べて30年も遅れた一因は、ここにもあった。

4章

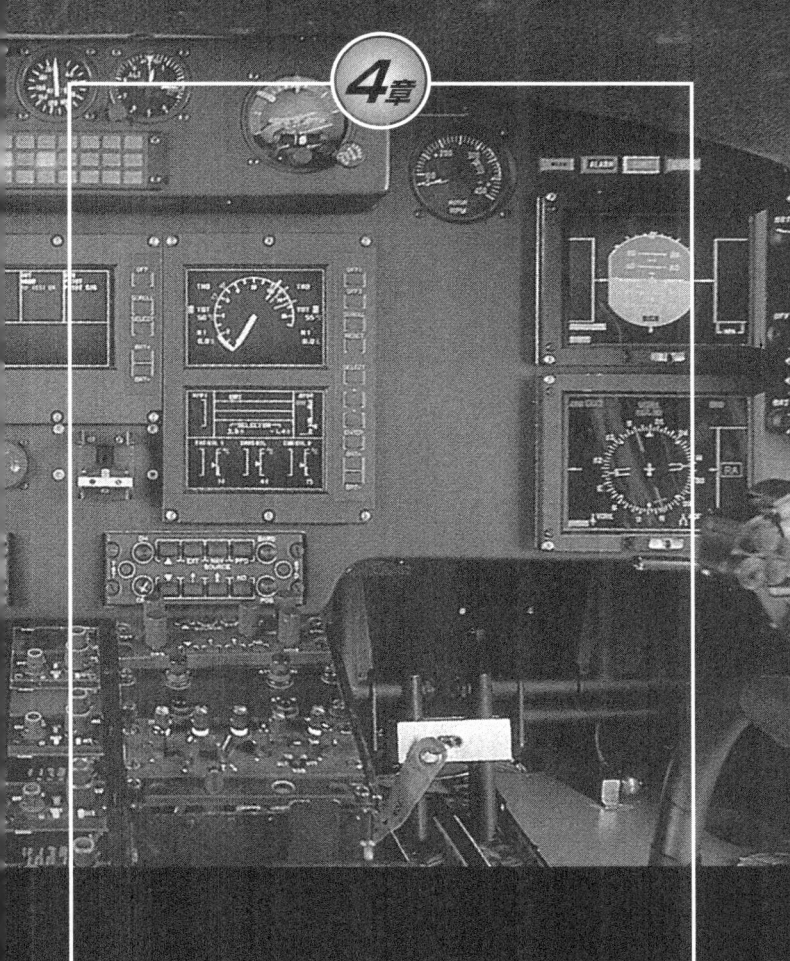

ヘリコプターのシステム

4-1 操縦装置

現在の民間機の操縦席は、一部例外もあるが、大型機・小型機あるいは飛行機・ヘリコプターとも並列複座となっている。したがって操縦装置もダブルとなっている。

ここでいう操縦装置とは、小型飛行機の場合は操縦桿、方向舵ペダルを指す。

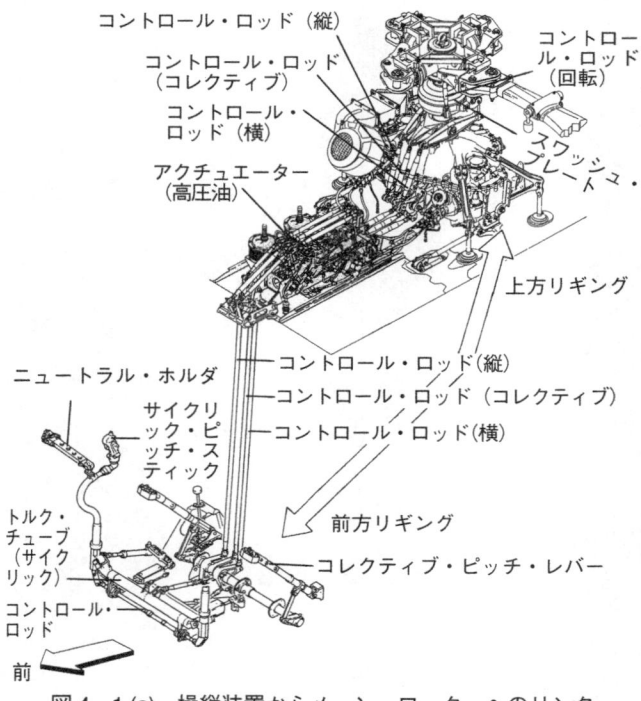

図4-1 (a) 操縦装置からメーン・ローターへのリンク

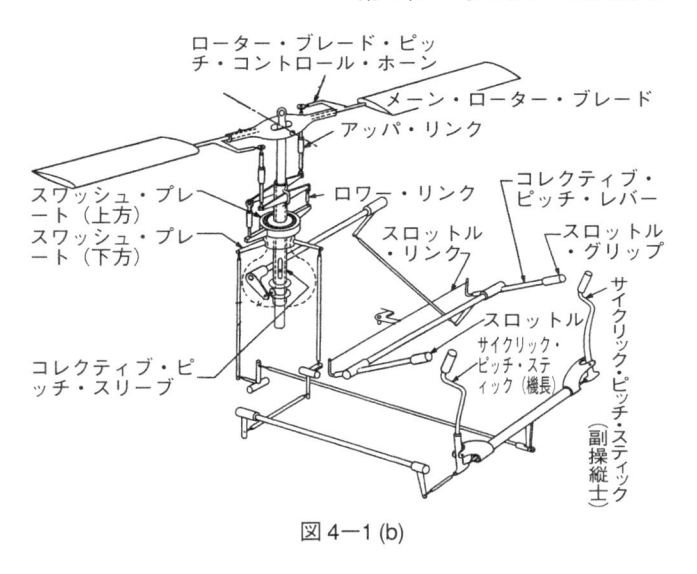

第4章　ヘリコプターのシステム

図中ラベル：
- ローター・ブレード・ピッチ・コントロール・ホーン
- メーン・ローター・ブレード
- アッパ・リンク
- スワッシュ・プレート（上方）
- スワッシュ・プレート（下方）
- ロワー・リンク
- コレクティブ・ピッチ・レバー
- スロットル・リンク
- スロットル・グリップ
- コレクティブ・ピッチ・スリーブ
- スロットル
- サイクリック・ピッチ・スティック（機長）
- サイクリック・ピッチ・スティック（副操縦士）

図 4-1 (b)

　飛行機の操縦装置の動きは、操縦索を通じて各舵面（補助翼・昇降舵・方向舵）を動かす。操縦装置と各舵面は、機械的に単純にリンクしており、舵面の動きで飛行機がどのような運動をするかは容易に理解できる。

　ところが、ヘリコプターの場合には、飛行機のような各舵面がなく、これに代わるメーン・ローターおよびテール・ローターへリンクしなければならないので、非常に複雑になる。

a．メーン・ローターへのリンク

　図 4-1 (a) は、サイクリック・ピッチ・スティックおよびコレクティブ・ピッチ・レバーからメーン・ローターまでの系統を示している。同図 (b) では、簡略化し、分かり

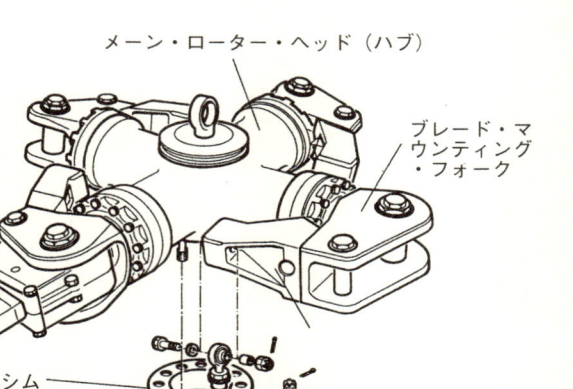

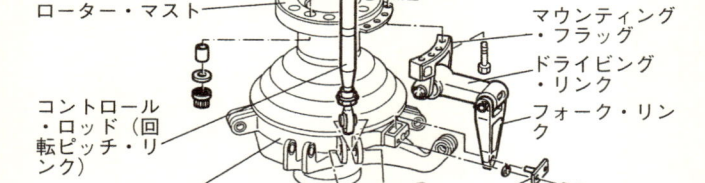

図4−2(a) メーン・ローターとスワッシュ・プレート

やすく示した。

　スティックやレバーを操作すると、その動きはロッドを介して、アクチュエーター内の高圧油バルブを開閉し、その先の各ロッドを油圧操作する。

　ロッドの動きは、リンク機構を通じてスワッシュ・プレートに伝わる。スワッシュ・プレートは、スティックの前後・左右、およびレバーの上下の動きに応じて、メーン・ローターの回転面および迎え角（ピッチ）をコントロールする。

第4章　ヘリコプターのシステム

図中ラベル:
- メーン・ローター・ブレード（スワッシュ・プレートが上方にスライドすると迎え角は増大）
- コントロール・ロッド（回転）
- 上部スワッシュ・プレート（回転スター）
- ベアリング
- サイクリック・ピッチ・スティックへリンク
- コレクティブ・ピッチ・レバーにリンク（上下にスライド）
- 下部スワッシュ・プレート（固定スター）
- メーン・ローター軸

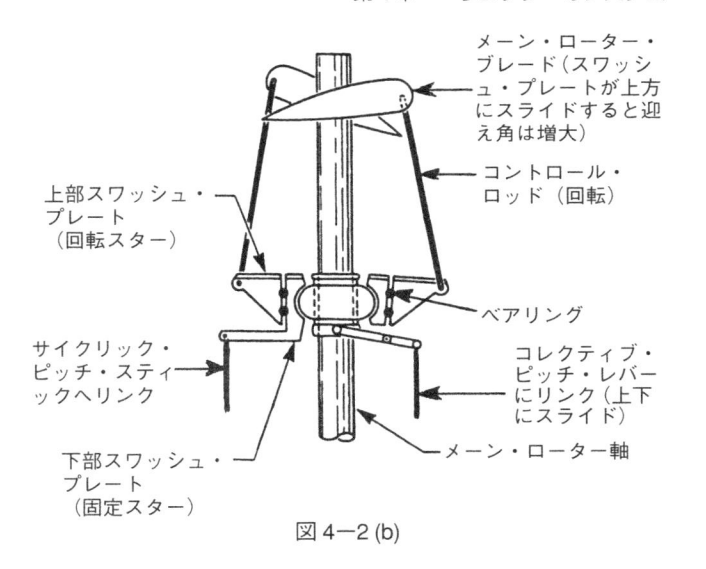

図 4－2 (b)

　図4-2 (a) に示すスワッシュ・プレート部分を拡大したのが、図4-2 (b) である。

　スワッシュ・プレートは、メーン・ローターとともに回転する上部スワッシュ・プレート（回転スターともいう）と、回転しない下部スワッシュ・プレート（固定スターともいう）から構成されている。

　上部のプレートと下部のプレートは、ベアリングを介して常に平行に保たれている。

　サイクリック・ピッチ・スティックをある方向に傾けると、下部スワッシュ・プレートがそれに追従するので、上部スワッシュ・プレートも同じ角度だけ傾く。

　またコレクティブ・ピッチ・レバーを操作すると、下部スワッシュ・プレートが上下に平行にスライドするので、

各ブレードのピッチ角が増大

コレクティブ・ピッチ・レバーを上げていく（図4-1参照）と、スワッシュ・プレートは矢印の方向にスライドするため、各ブレードのピッチ（迎え角）が増大して、ヘリコプターは浮上する。

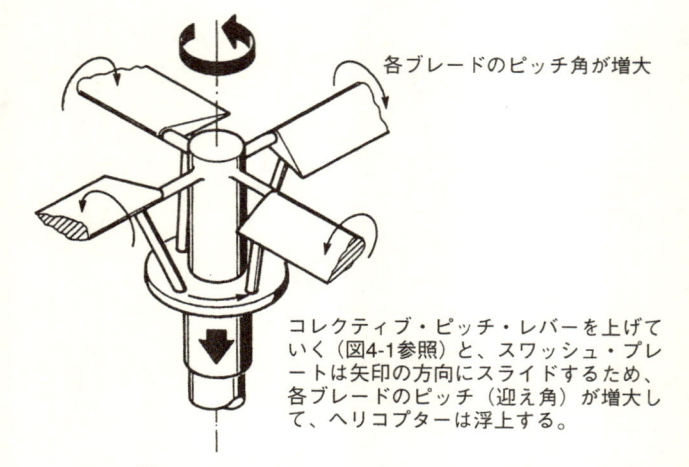

図4-3　スワッシュ・プレートの動作原理（コレクティブ・ピッチ）

上部スワッシュ・プレートも同量スライドする。そこでメーン・ローター・ブレードの迎え角（ピッチ）も同じ量だけ増減される（図4-3）。

b．テール・ローターへのリンク

テール・ローターは、ヘリコプターの偏揺れモーメントをコントロールするが、その操作はペダルによる。

図4-4は、ペダルからテール・ローターまでの操縦系統全体を示している。

ただしテール・ローターを回転させるための駆動軸およびトランスミッションは省いてある。

テール・ローターのスワッシュ・プレートの作動範囲は、ペダルの踏み込み量によって決まる。

第4章　ヘリコプターのシステム

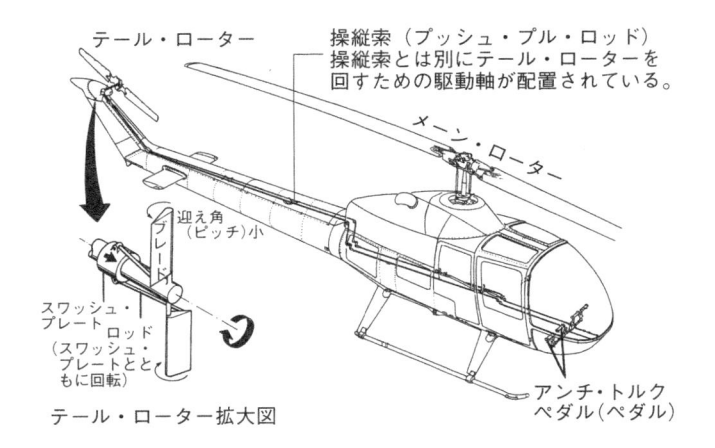

図4-4(a)　操縦装置からテール・ローターへのリンク

　例えば右ペダルを踏み込むと、スワッシュ・プレートが図の矢印方向にスライドするので、その先にあるロッドはローター・ブレードの迎え角（ピッチ）を小さくする。そのため、テール・ローターの推力が小さくなり、コントロール力が弱まる。

　逆に左ペダルを踏み込むとスワッシュ・プレートは、矢印とは反対の方向にスライドするため、ローター・ブレードのピッチは大きくなるので推力は大となり、コントロール力は強まる。

　もちろんペダルの踏み込み加減で、ローター・ブレードのピッチも微妙に変化する。

　テール・ローターのスワッシュ・プレートは、コレクティブ・ピッチを制御するだけで、メーン・ローターのようにサイクリック・ピッチを制御する機構はない。

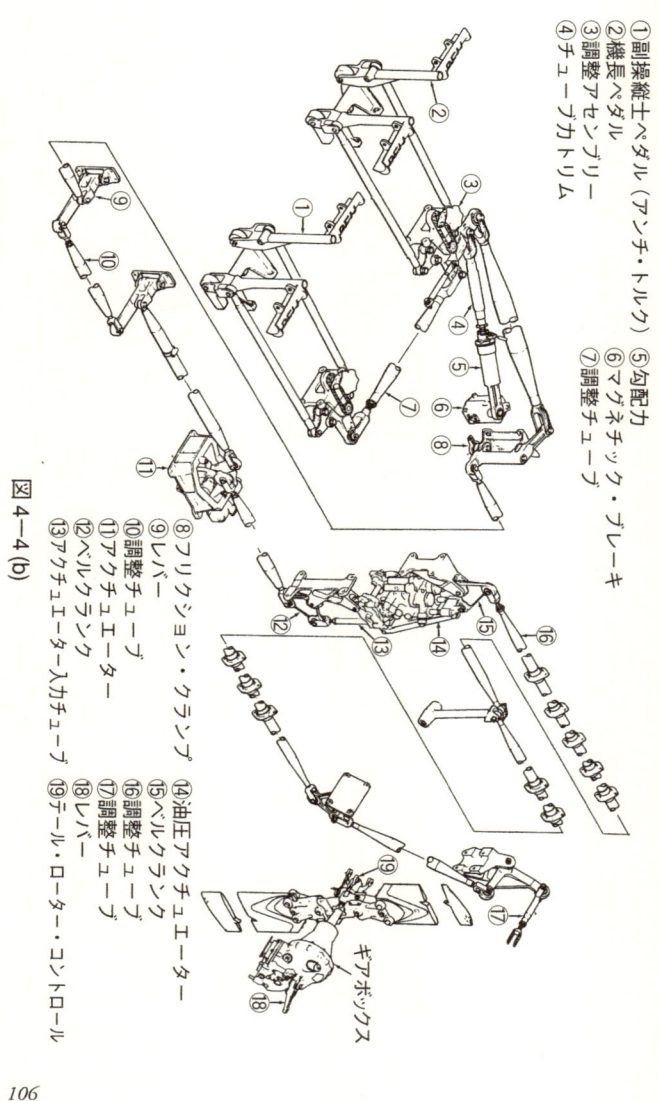

① 副操縦士ペダル(アンチ・トルク)
② 機長ペダル
③ 調整アセンブリー
④ チューブカドリム
⑤ 勾配力
⑥ マグネチック・ブレーキ
⑦ 調整チューブ
⑧ フリクション・クラッチ
⑨ レバー
⑩ 調整チューブ
⑪ アクチュエーター
⑫ ベルクランク
⑬ アクチュエーター入力チューブ
⑭ 油圧アクチュエーター
⑮ ベルクランク
⑯ 調整チューブ
⑰ 調整チューブ
⑱ レバー
⑲ テール・ローター・コントロール

ギアボックス

図 4-4 (b)

第4章 ヘリコプターのシステム

4-2 飛行計器

　図4-5は小型ヘリコプターの計器盤を示している。

　計器を使用目的から見ると、エンジン計器と飛行計器に大別できる。

図4-5　小型ヘリコプターの計器盤

　さらに飛行計器は、ピトー管・静圧口を利用した空盒(くうごう)計器と、ジャイロを利用したジャイロ計器に分類できる。

a．空盒計器

　その場所での静圧口で感知した大気圧（静圧）と、ピトー管で知る飛行速度による圧力（動圧）を利用した計器（次ページ図4-6）。

　なお同図に示したドレーン・プラグは、ピトー管または静圧口から浸入した雨水を排出するためのものである。

　静圧口が詰まったときは、セレクター・バルブをアルタ

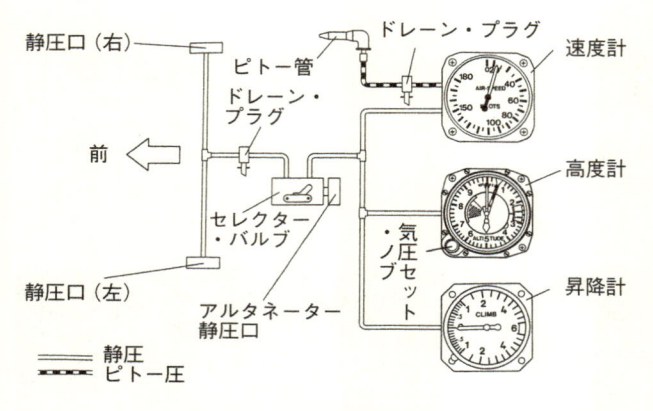

図4−6 空盒計器のシステム

ネーター静圧口側に倒してやれば、ここから静圧が得られるようになっている。

ピトー管・静圧口の取付箇所は、機種によって異なるが、基本的にはメーン・ローターの吹き下ろしや胴体形状による気流の乱れの影響を受けない箇所、すなわち機首先端か側面、あるいは主翼下面（飛行機）か、図4−7に示す胴体下面に設置されている機種が多い。

◆ 速度計

ピトー管からの全圧は速度計の空盒の内側に入り、静圧口から導かれた静圧は、空盒の外側（計器のケース内）に入る。

速度変化に伴うピトー管からの全圧と、静圧口からの静圧の差圧によって、空盒は風船のように膨張・収縮する。その変位量を、歯車やロッドを介して指針に伝えるようにしている。

第4章　ヘリコプターのシステム

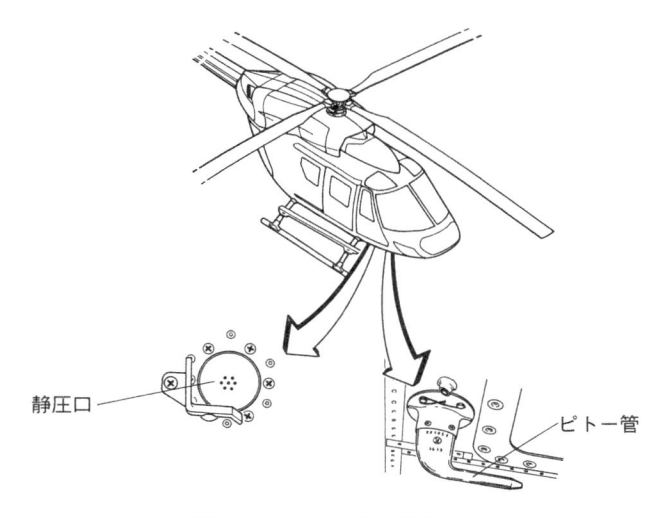

静圧口　　　　　　　　　　　　　　　ピトー管

図4−7　ピトー管と静圧口

◆　高度計

　海面上からの飛行高度を示すものが高度計である。

　海面上では、標準大気状態で1気圧（1013 hPa）の圧力を受けている。しかし上空へ昇るにつれて気圧は低下していく。この気圧変化を静圧口から高度計に導く。

　計器内部の空盒（内部を真空にした密閉空盒）が、気圧の変化に応じて膨張・収縮するから、これを歯車やロッドを通して指針に伝える。

　したがって、この形式の高度計は、正確には気圧高度計という。

　気圧は時と場所によって変動している。これに対応するため高度計の左下に気圧セット・ノブがあり、飛行前に海面上での実際の気圧に合わせておく。

◆ 昇降計

上昇・降下を示す計器を昇降計という。

静圧口から導かれた静圧は、空盒の内側と毛細管を通って空盒の外側に入る。水平飛行しているときは、空盒内側と空盒外側はバランスされているので、昇降計の針は「0」を示している。

ここで上昇したとする。この場合、静圧口から空盒内側に導かれた圧力は上昇に応じて低下する。しかし空盒外側の圧力は、毛細管を通ってくるため、圧力の低下に時間的な遅れを生じる。したがって空盒の内側と外側のバランスが崩れるので、この場合の指針は上昇を示すことになる。

高度変化が終わると（水平飛行）、空盒の内側・外側の圧力が同一になるので、指針は再び「0」を指す。

b．ジャイロ計器

ジャイロは電気モーターか空気で回転させる。

空気式はエンジン駆動の真空ポンプで真空圧をつくる（図 4-8）。真空ポンプが回転すると、空気がフィルターを通って吸い込まれる。レギュレーターで真空圧は 4 in-Hg（約 1 mm-Hg）に調整され、この真空圧が真空計に入り、同時に定針儀・水平儀内のジャイロを回す。

一方、旋回計のジャイロは、電気モーターで回転する。

ちなみに最近では、効率のよいジェネレーター（発電機）が開発されたのにともない、定針儀や水平儀のジャイロも電気モーターで作動するものが増えてきている。

◆ 定針儀

方位を指示する計器に定針儀と磁気コンパスがある。

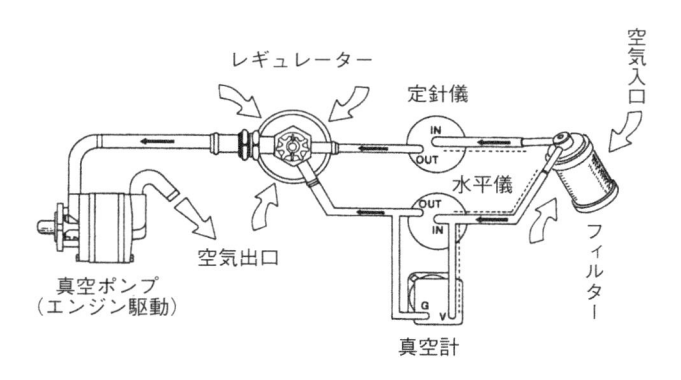

図4-8　ジャイロ計器のシステム

　磁気コンパスは動力源が不要で、常に方位を提供してくれるが、旋回誤差・加速度誤差などがある。そのためジャイロを使った定針儀が必要となった。ただしエンジンが作動していないと定針儀は正しい方位を示さない。

　ジャイロ軸は機体の前後方向におかれ、この軸がインナー・ジンバルに、インナー・ジンバルはアウター・ジンバルで支えられている（次ページ図4-9）。

　ジャイロが高速回転しているとき、ジャイロ軸は空間に対して一定方向を保つ性質がある。そこで機体がある方位に旋回すると、ジャイロ軸との間にズレが生じて、どの方位に飛んでいるか分かる。

◆　水平儀

　水平儀のジャイロ軸は、インナー・ジンバルによって上下に取り付けられ、このジンバルは機体の左右軸（ピッチ軸）に平行に付けられている。インナー・ジンバルを支えているのがアウター・ジンバルで、機体の前後軸（ロール

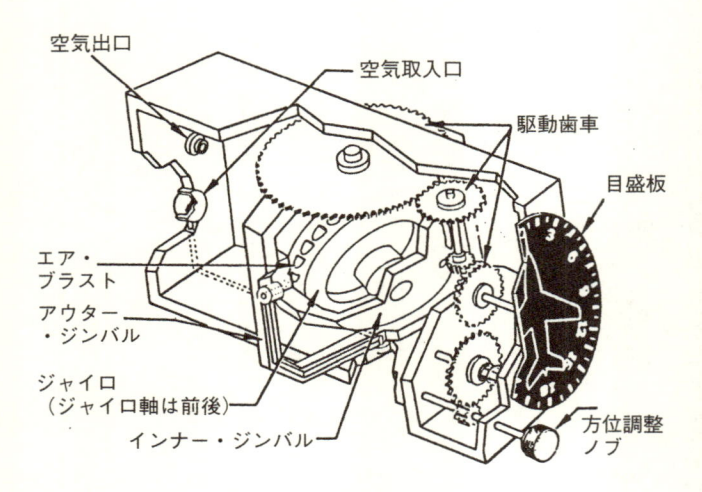

図4-9　定針儀の仕組み

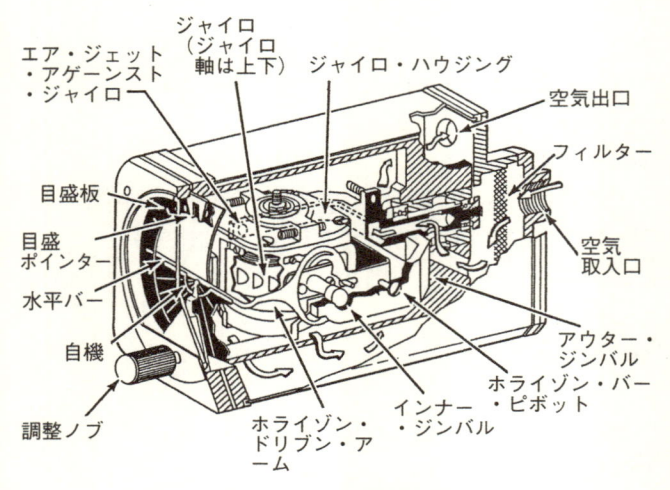

図4-10　水平儀の仕組み

第 4 章　ヘリコプターのシステム

軸)に平行に取り付けられている(図 4-10)。

　機体がどんな姿勢をしても、ジャイロ軸は垂直を保つので、機首の上下および左右の傾斜を示すことになる。

◆　旋回計

　旋回計は旋回角速度と滑り(スリップ)を表示するもので、正確には旋回滑り計という。ジャイロ軸は機体の左右軸と平行に保たれ、この軸はジンバルで支えられている(図4-11)。

　旋回するとジャイロ軸の左端は上方へ、右端は下方への力を受け、ジャイロ軸は傾く。この傾きはレート・スプリングによるトルクとバランスしたところで止まる。

　図中のピストンは、不要な振動を取り除くためのものである。

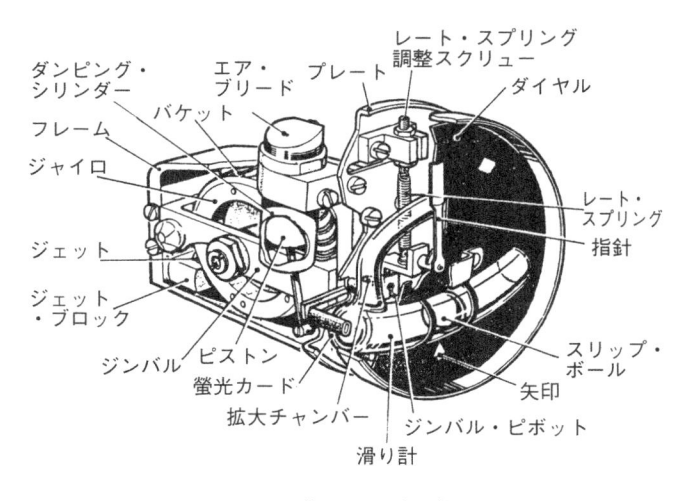

図 4-11　旋回滑り計の仕組み

滑り計は液体の入ったガラス管に黒い鋼球を入れたもので、管は水平位置で鋼球が最も低い位置にくるようにカーブしている。この滑り計はジャイロには無関係で、航空機の見かけ上の重力に対する傾きを示す。

　鋼球が中央にあるときは釣合飛行を行っているが、例えば左旋回で鋼球が中央より左にあるときは、左内滑り旋回を、鋼球が右にあるときは左外滑り旋回をしていることになる。

4-3 エンジン計器

　エンジン計器にはエンジン・トルク計、エンジン回転計、タービン温度計、(154ページ 図 5-17 参照) 燃料量計などがある。

◆　エンジン・トルク計

　エンジンがどのくらいの馬力を発揮しているかの目安にエンジン・トルク計がある。

　トルクを検出する方法は油圧式と電気式に大別される。

　油圧式は、トランスミッション内の減速歯車にかかるトルクを、油圧に変換するものである。この変換は直読式油圧計に伝える方法と、電気信号に変換して計器に伝える方法がある。

　電気信号式には、駆動軸の捻れを電磁気で検出するものなどがある。

◆　エンジン／ローター回転計

　エンジン回転計には、N_1計とN_2計とがある。N_1計はガス・プロデューサー (137ページ図 5-4 参照) の回転

を、またＮ₂計はフリー・タービンの回転を示す。

ＮＲ計はメーン・ローターの回転数を指示する。回転数を電気信号に変えるものとして、マグネチック・ピックアップ装置が多くの機種に採用されている。

この装置は、トランスミッション・ハウジング後面のテール・ローター・ドライブ近くに設けられている。

マグネチック・ピックアップは、回転軸にインタラプタ（磁力線カット装置）を取り付け、それによって変化する磁界のピーク電圧を検出する方式。この周波数はメーン・ローター回転数に比例する。

回転数ワーニング・ユニットは、この周波数信号を交流電圧に変換し、これが回転計内に内蔵されたシンクロ・モーターを駆動するようになっている。

回転計は双発エンジンの場合、計器内にNo.1エンジン、No.2エンジン回転計指針（フリー・タービン回転）と、メーン・ローター回転計指針が組み込まれた3針式回転計（154ページ図5−17参照）が多くの機種に採用されている。

◆　タービン温度計

フリー・タービンの温度を指示する計器で、温度の検出に熱電対（サーモカップル）を用いている。

熱電対とはコクピットにある計器（冷接点）と、測定する高温接点（フリー・タービン）との間を異なった金属（例：クロメル−アルメル）で接続し、高温接点が熱くなるとクロメルが（＋）、アルメルが（−）となるような電圧が発生する。この電圧を熱起電力という。

熱起電力を利用する目的で異種金属を接合したものを熱電対といい、これらの原理を利用した温度計を熱電対式温

度計という。

　ターボシャフトはもちろんのことターボファン・エンジンのタービン温度計も、ほとんどが熱電対式温度計を用いている。

◆　滑油圧力計／燃料圧力計

　滑油圧力計はエンジン内を循環する滑油圧力を指示する計器。燃料圧力計は、エンジンに送られる燃料圧力を指示する計器。

　滑油圧力計と燃料圧力計は同じ構造で、直接指示方式（小型ヘリコプター）と、遠隔指示方式（中・大型ヘリコプター）とがある。

　直接指示方式では受感部にブルドン管を用いている例が多い。

　ブルドン管はＣ字形の金属管（中空）で、その一端は閉

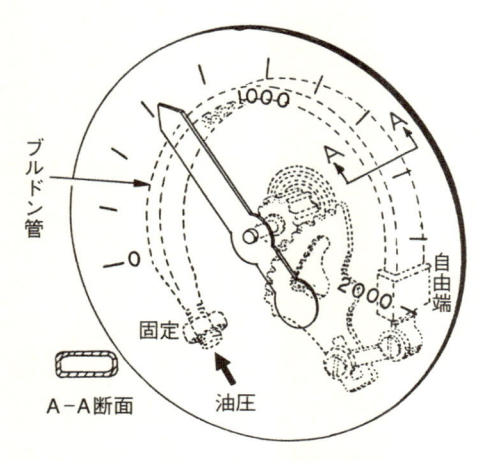

図4－12　油圧力計の仕組み

じられて自由端となっており、他端は固定されている（図4－12）。

　固定された側から金属管の中に油圧力がかかると、金属管は直線になるよう伸びようとするから、その伸縮をシンクロ（回転角や回転運動を電気信号に変えて送受信する装置）が読みとって計器に信号を送るようになっている。

　遠隔指示方式にはシンクロが用いられる。

　つまり油圧力がベローズ（一種の風船で、黄銅などでできている）内に入ると、その圧力の強弱でベローズの膨張・収縮が異なる。この変位がシンクロに伝達され計器の指針を動かす。

4-4　防振装置

a．振動の原因と対策

　振動が大きいと乗員・乗客の不快感や疲労感はもちろん、機体構造の疲労破壊など、広範囲に悪影響を及ぼす。

　ヘリコプターの振動の原因で顕著なものは、メーン・ローター、テール・ローター、エンジン、トランスミッションおよび胴体に働く空気力によるものである。

　これらの振動は、非常に複雑に生じるので、それらを解説すると膨大なページを割くことになるから、ここでは簡単に述べることにする。

　例えば、メーン・ローターからの振動は、トランスミッションに伝わる。トランスミッションは胴体に固定されているので、当然、メーン・ローターの振動は胴体に伝達さ

れる。

その予防のため、トランスミッション(ギアボックス)と胴体のつなぎ目に防振ゴムを入れて、振動を減少させている。これを受動防振装置という。

さらに、振動を減少させる箇所に、その振動とは逆方向の振動を与え、振動を低減させる装置が開発された。これを能動防振装置という。

能動防振装置は、トランスミッションと胴体の間に、コンピューター制御のアクチュエーターを配したものである(図4-13)。

アクチュエーターは、トランスミッション付近の胴体上

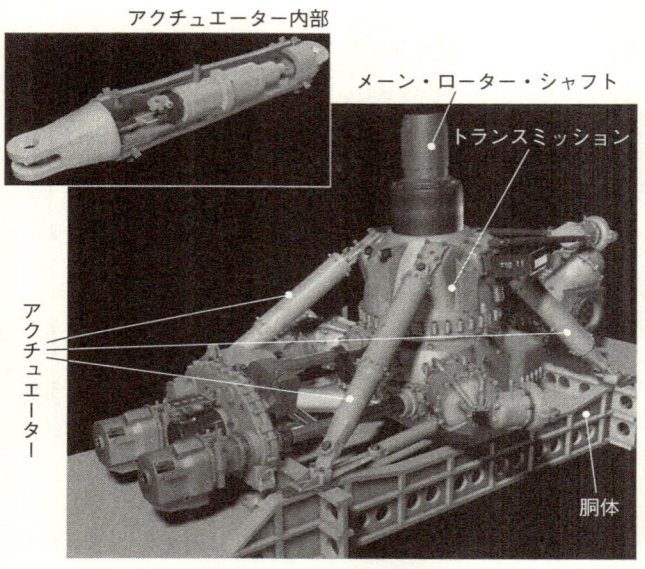

図4-13 能動防振装置

部に設置され、メーン・ローターからの振動に基づいて加振させ、打ち消し合うことで吸振するようになっている。

b．ブレード・トラッキング

　メーン・ローターを回転させたとき、いずれのブレードも、通常、チップ・パス・プレーン上にある（図4-14(a)：これをイン・トラックという）。

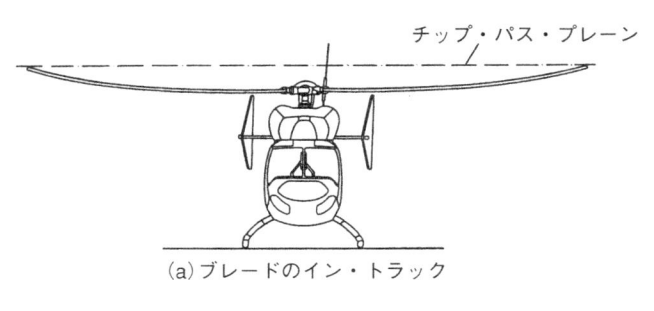

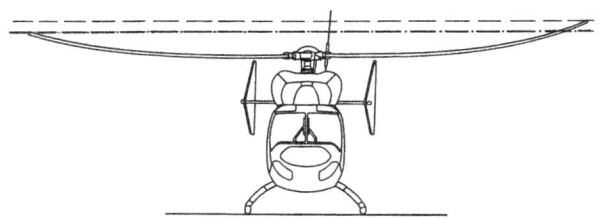

(a) ブレードのイン・トラック

(b) ブレードのアウト・オブ・トラック

図4-14　ブレード・トラッキング

　ところが、メーン・ローターの整備を行った後などでは、いずれかのブレードがずれることがある（同図(b)：アウト・オブ・トラック）。アウト・オブ・トラック状態では、

縦方向の異常振動が起こる。

このようなときには、トラッキング作業という整備を行う。その一つに、ストロボ・スコープ法(図4-15)がある。

回転周期に合わせた周波数のストロボ・スコープ光を、ブレード端に取り付けられたリフレクター（反射板）に当てると、端位置が明確になり、各ブレードの位置を比較することができる。

アウト・オブ・トラックのブレードをみつけたら、そのブレードの回転ピッチ・リンク（コントロール・ロッド：

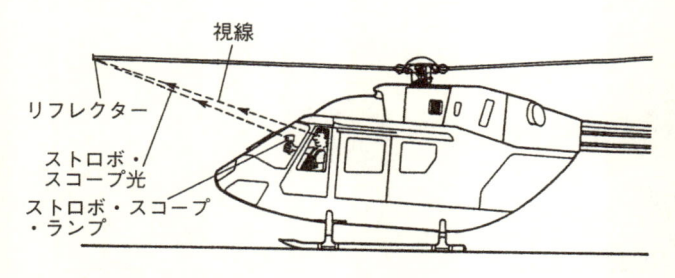

図4-15　ストロボ・スコープ法

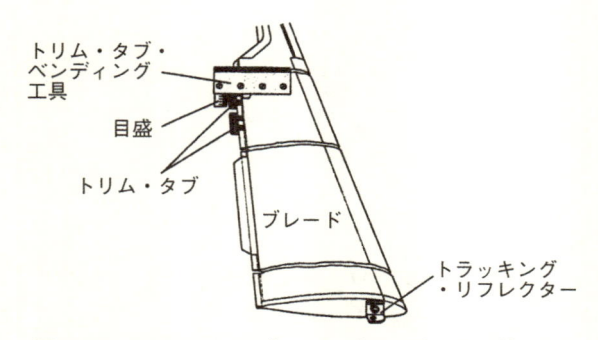

図4-16　トリム・タブ・ベンディング工具の使い方

第4章　ヘリコプターのシステム

103ページ図4-2 (b) 参照）の長さを調整する。

あるいは、トリム・タブ・ベンディング工具（図4-16）で、トリム・タブを曲げることで調整する。

4-5　エアコン装置

a．暖房

機内暖房は機種によって異なるが、ターボシャフト・エンジンの圧縮機の高温・高圧空気（ブリード・エア）を利用した例を図4-17に示した。

エンジンからのブリード・エアは、ホース、ダクトなどを通ってレギュレーター・バルブに入り、減圧されて、ミキシング・ダクト＆サーモスタットに行く。

一方、空気取入口からの冷たい外気は、ダクトに導かれてミキシング・ダクト＆サーモスタットに入り、ここでブ

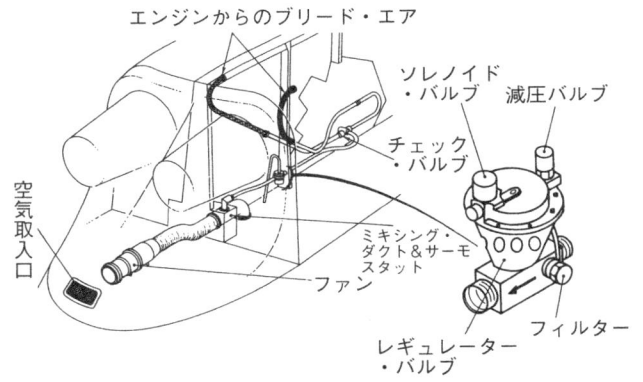

図4-17　ブリードエア利用の暖房システム

リード・エアと混合される。

　ミキシング・ダクト＆サーモスタット内のサーモスタット式の温度センサーは、供給空気の温度を検知し、設定温度との差異を空気圧信号に変換してミキシング・ダクト＆サーモスタット内のバルブを動かし、混合比（ブリード・エアと外気）を調整して、設定値の温度を保つ。

　ミキシング・ダクト＆サーモスタットで適温にされた空気は分配器で分配され、デフロスター、操縦席、客席の吹出口（上・下）などから吹き出される（図4-18）。

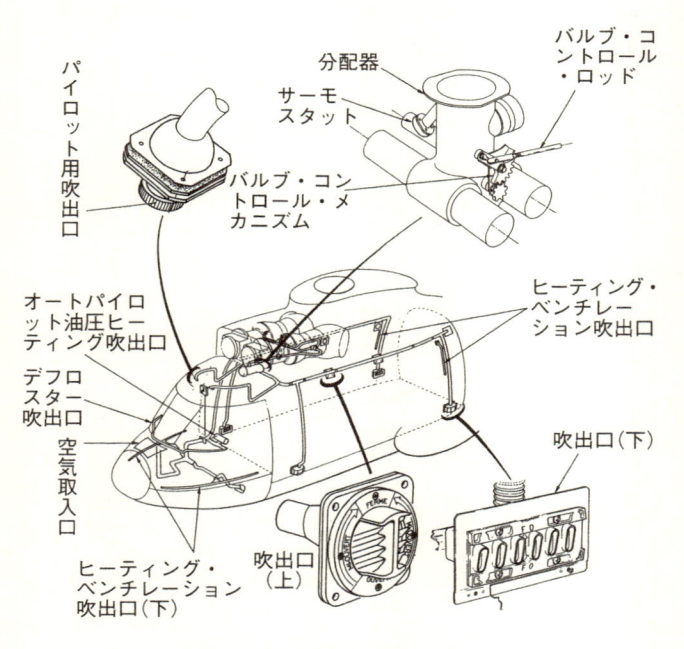

図4-18　暖房の分配システム

b．冷房

冷房の場合も機種によって異なるが、エア・サイクル方式と、ベーパー・サイクル方式とがある。

エア・サイクル方式では、エンジンからのブリード・エアを熱交換器（外気）によって冷却し、さらに膨張タービンで断熱膨張させ外気温度以下にする。

ベーパー・サイクル方式は、冷蔵庫の原理と同様に冷媒ガスを利用して、取り入れた外気の温度を下げる。

4-6 防火・消火装置

a．火災探知装置

エンジンやメーン・ギアボックスなどの火災を探知するもので、探知の方法にはいくつかある。

次ページ図 4-19 はエンジン、メーン・ギアボックスの周辺にバイメタルを配置したものである。

バイメタルとは、膨張係数の異なる金属を張り合わせた板で、温度が上昇すると膨張係数の小さい金属側に曲がる性質を利用している。温度が上がってある角度に曲がると、導通回路を形成するため、操縦室のライトを点灯させベルが鳴るようになっている。

エンジンの低温区画とメーン・ギアボックスは 300℃、エンジンの高温区画は 400℃になると回路が形成されるように設定されている。

探知方式にはこの他、サーミスター式（熱により抵抗値が変化する半導体の利用）、ガス圧式（細いステンレス鋼

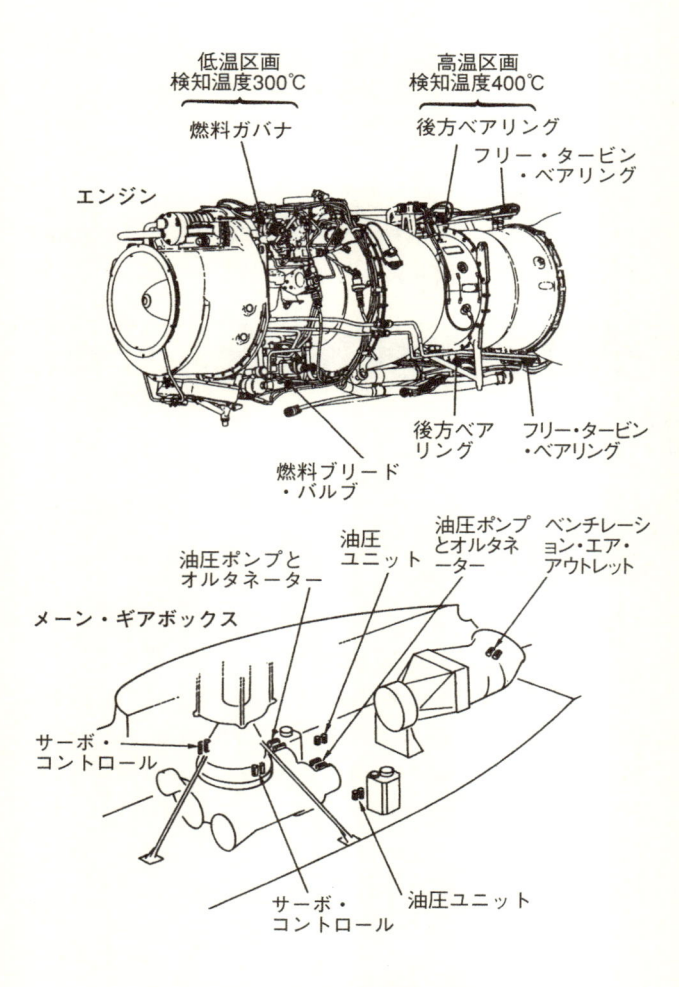

図4−19　火災探知装置の配置例

第4章　ヘリコプターのシステム

管内に密閉されたガスの熱膨張を利用）などがある。

b．消火装置

　火災探知器のベルが鳴ったときは、まずNo.1消火ハンドルを操作する。するとNo.1消火ボトルのバルブが開き、消火剤がチューブを通って当該エンジンに行き、消火する（図4-20）。

　もしも、それでも鎮火しない場合は、No.2消火ハンドルを操作して、No.2消火ボトルから消火剤を噴出させる。

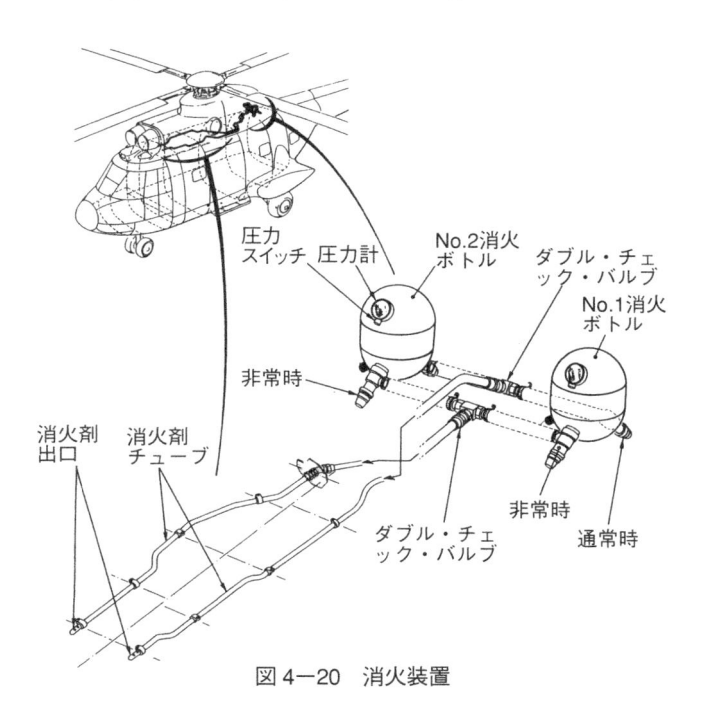

図4-20　消火装置

4-7 電気装置

a. 交流発電機

　一般的に小型飛行機・ヘリコプターの電源は直流、大型飛行機・ヘリコプターは交流を主電源にしている場合が多い。例外的に交流と直流の両方の発電機を装備している機種もある。

　また交流電源を必要とする小型機には、インバーター（直流を交流に変換）を装備している機種もある。逆に大型機で直流電源を得たい場合は、変圧整流器（交流を直流に変換）を装備する。

　航空機が大型化・高級化するにしたがって機内の消費電力は増大し、電線の太いものが必要となる。この場合の不具合としては重量の増加、直流発電機の整流子から発生する火花の問題（特に高空）などがある。

　そこで、交流発電機が脚光を浴びてきた。交流発電機は電圧が高いので電線の径は細くなり、またブラシのないブラシレス発電機を装備するようになって、火花の発生がなくなった。

　発電機（ジェネレーター）からの電力は、各種照明、警報灯、通信装置、航法装置（ADF、VOR、DMEなど）、計器着陸装置（ILS、電波高度計）あるいは各種計器（燃料量計、エンジン回転計、トルク計等）などに供給される。

　ここでは、ジェネレーターの作動と照明の一部を簡単に述べることにする。

第4章 ヘリコプターのシステム

b．スターター/ジェネレーター

通常の航空機は、スターターとジェネレーターは別々に装備されている。しかしいずれも重く、しかもスターターはエンジン始動時だけに必要で、以後は不要になる。これを解決したのが1台で二役をこなせるスターター/ジェネレーター（図4-21）である。

つまりエンジン始動時はスターター・モードだが、エンジンが自立運転すると、ジェネレーター・モードとなるようにした機器である。

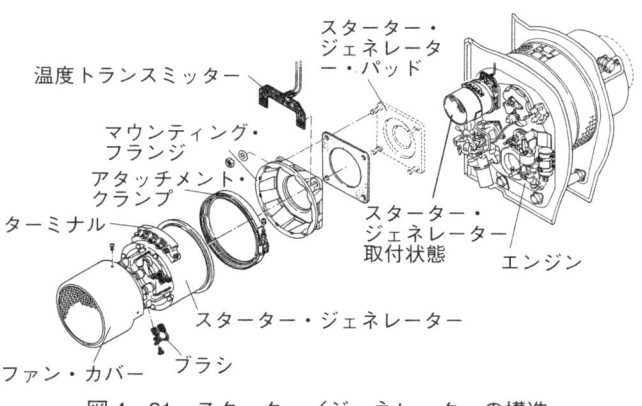

図4-21 スターター／ジェネレーターの構造

スターター・モードでは、始動用電力がスターター巻線に供給され、エンジンを始動するためのモーターとして使用される。モーターの回転が、エンジンのギアボックスを介してガス・プロデューサー・タービンを駆動する。この電力は外部電源または搭載バッテリーから供給される。

一方、ジェネレーター・モードでは、励磁コイルが電機子の周囲に磁界を作り、電機子が回転すれば電圧が発生する。その電圧が、ブラシを介してコレクター・コイル経由でハウジングのターミナルに供給される。

　発電中のブラシ部のアークを防止するため、補償巻線および補極巻線が電機子と直列に接続されている。

　ジェネレーター・モードは、エンジン回転中に使用され、機内電気系統に電力を供給するとともに、搭載バッテリーを充電する。

c. 照明装置

　航空機の照明装置は、機外照明と機内照明に大別される。

　機外照明は、衝突防止灯、航空灯（機体左右、尾部）などがある（図 4-22）。

　航空法で、衝突防止灯は赤または白で毎分 40～100 回の閃光を生じることとされている。

　また航空灯の左は赤、右は緑、尾部は白と決められている。これは、夜間に空中で出会ったとき相手機がこちらに向かっているのか、逆に遠ざかっているのかを識別するためである。

　この他、離着陸するときに用いるランディング・ライト、救難などに使うサーチ・ライトを装備した機種もある。

　また機内照明には、夜間飛行時に計器を照明するライトと、機内を照明するライトがある。

　これらの照明装置の操作スイッチは、オーバーヘッド・パネルに装備している機種が多い（図 4-23）。

第4章 ヘリコプターのシステム

衝突防止灯（アンチコリジョン・ライト）

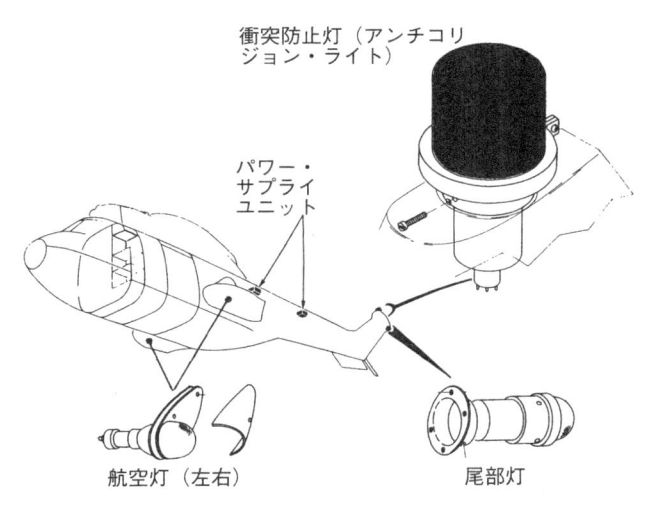

パワー・サプライユニット

航空灯（左右）

尾部灯

図4-22 機外照明

EXTERNAL LIGHTS
A/COL L　POS

衝突防止灯
ON,OFF
スイッチ

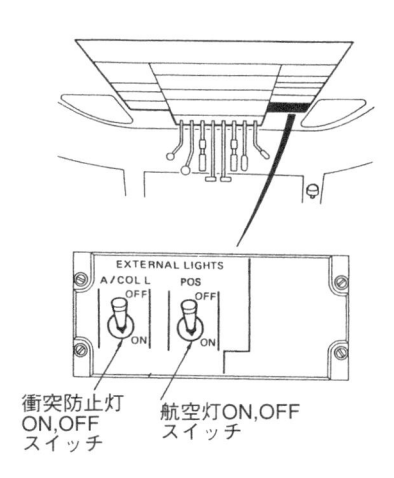

航空灯ON,OFF
スイッチ

図4-23 機外照明操作スイッチ

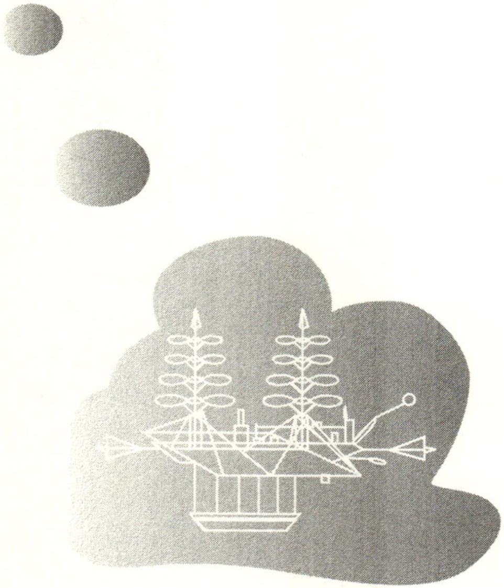

5章

ヘリコプターの
エンジン・燃料系統

5-1 エンジン系統

a. ガスタービン・エンジンの利点

ローターを回転させる動力源には、ピストン・エンジンとガスタービン・エンジンがある。ただし現在では、ヘリコプターの 80〜90％がガスタービン（ターボシャフト）・エンジンを搭載している。

その理由は、ガスタービン・エンジンがピストン・エンジンに比べ、次のような長所を持つからである。

① 小型軽量で大出力が得られる。同一重量のガスタービン・エンジンは、ピストン・エンジンに比べ3〜6倍の出力が得られる。
② 振動が少ない。ピストンは往復運動を行うが、ガスタービンは回転部分だけなので、振動は少ない。
③ 整備性がよい。構造が簡単なため、各部の交換が容易である。
④ 信頼性が高い。エンジン運転中の故障・停止が極めて少ない。
⑤ 燃料費が安価。ピストン・エンジンはガソリンを用いるが、ガスタービン・エンジンは安いケロシン（灯油）である。
⑥ 滑油の消費量が少ない。

しかも、まだ改善できる余地が多く残っているため、今後も性能向上が期待でき、ますますガスタービン・エンジンの出番が増すことは間違いない。

b．ガスタービン・エンジンの種類

現在、民間機に使われているガスタービンには、3種類ある。

ジェット旅客機には、ターボファン・エンジンか、ターボプロップ・エンジンが搭載されている（図5-1 (a) (b)）。

ガスタービン・エンジンのサイクルは、圧縮機（空気を圧縮）→燃焼室（圧縮された空気に燃料を噴射し高温・高圧ガスを作る）→タービン（高温・高圧ガスの一部で圧縮機を回し、残りを排出する）となる。

ターボファン・エンジンでは、圧縮された空気の約20％を燃焼室に送り、残りの約80％は燃焼させずに側路

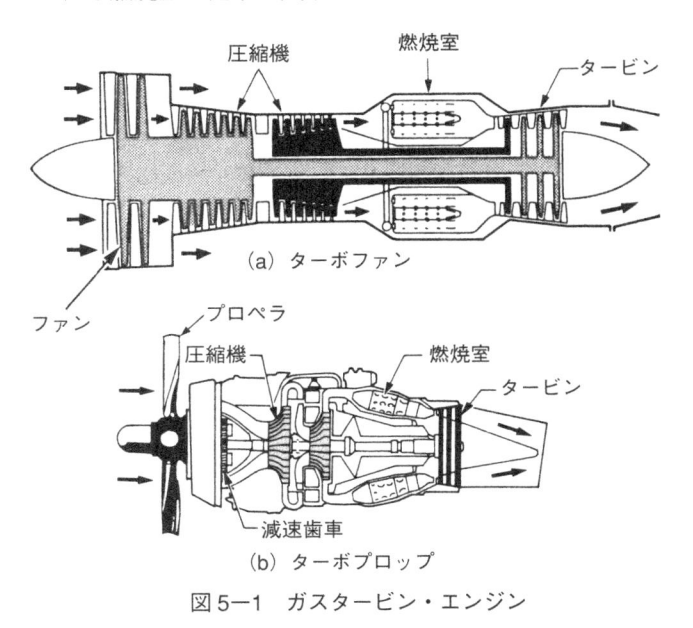

(a) ターボファン

(b) ターボプロップ

図5-1　ガスタービン・エンジン

（バイパス）からエンジン後方へ排出する。それで、このエンジンをバイパス・エンジンともいう。

一方ターボプロップ・エンジンは、タービンで圧縮機とともにプロペラを回す。プロペラは推力の90％を生み、残りの10％を排気が受け持つ。

そして、ヘリコプターに使われるのがターボシャフト・エンジンである（図5-2）。

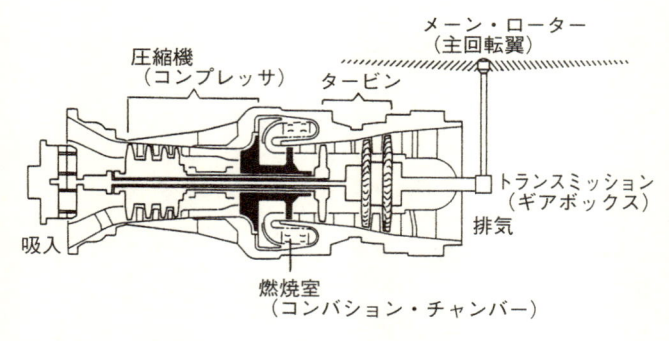

図5-2 ターボシャフト・エンジン

ターボシャフト・エンジンでは、タービンに送り込まれた高温・高圧ガスはやはり圧縮機を回すために費やされるが、それとともに、トランスミッションを介してメーン・ローター、テール・ローターなどを回転させる。

c．ガスタービン・エンジンの出力

現在、ターボシャフト・エンジンを装備した4人乗りの小型ヘリコプターでは310～350馬力、6～10人乗りの中型機で500～900馬力、それ以上の大型機では2000馬力前後が

ポピュラーになっている。

なお、ターボシャフトやターボプロップ・エンジンの出力をいうときには、軸出力（shp）を用いる。

さらに、ターボプロップの場合、プロペラを駆動する軸出力の他に、排気ジェットによる推力が得られるので、エンジン出力を厳密に示す場合に「1000hp（馬力）＋250lb（ポンド）」というように、軸出力と正味推力とを列記する。

正味推力を軸出力に換算し、軸出力に加算して求めた値を相当軸出力（eshp）という。軸出力も相当軸出力も出力の単位に馬力（hp）が使用される。

なお、SI（国際単位）では馬力に代わってワット（W）が用いられるが、航空界ではhp、lb、kgなどで表示される例が多い。

d．ターボシャフト・エンジンの仕組み

次ページ図 5-3 は、中型ヘリコプターに搭載されるターボシャフト・エンジンの全体断面図を示している。

このエンジンは軸流型圧縮機の後段に遠心型圧縮機、逆流型燃焼室、タービン（ガス・プロデューサー・タービンとフリー・タービン）で構成されている。

空気取入口から入った空気は、軸流型圧縮機のローターによって加速され、ステーターに導かれる。そこで速度は圧力に変換され、適正な流入角度で遠心型圧縮機に入り、双方（軸流型・遠心型）の合計で大気圧の約8倍に圧縮され燃焼室に導かれる。

燃焼室では燃料が噴射され、圧縮空気と燃料の混合気は点火され、高温・高圧ガスとなる。

図中ラベル: 圧縮機（遠心型）／タービン／圧縮機（軸流型）／燃焼室（逆流型）

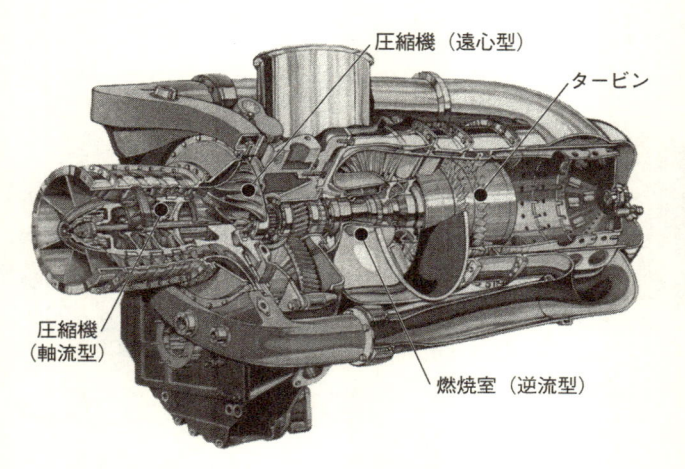

図5-3　ターボシャフト・エンジン断面図

　高温・高圧ガスは最初のタービン（ガス・プロデューサー）を通過するが、このタービンは高温・高圧ガスのエネルギーで圧縮機および補機（スターター/ジェネレーター、燃料ポンプ、滑油ポンプ）を駆動する（図5-4）。

　スターター／ジェネレーターは、エンジン始動時にスターターとして働き、エンジン運転中は発電機として機能する。燃料ポンプは、燃料をエンジンに送る役目をする。滑油ポンプは、エンジン内のベアリング、各ギアを潤滑するための滑油を送る。

　その後、高温・高圧ガスはフリー・タービンを回し、それがトランスミッション内のギアで減速されて、その先のメーン・ローターおよびテール・ローターを回す。

　なお図5-4は中型ターボシャフト・エンジンの動力伝達系を示しているが、これより小型のエンジンの圧縮機は

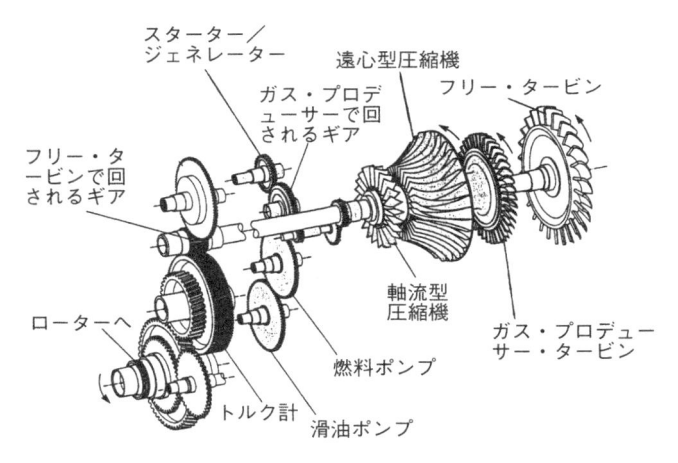

第5章 ヘリコプターのエンジン・燃料系統

図5-4 動力伝達系

遠心型圧縮機だけのものが多い。また大型エンジンの圧縮機は軸流型圧縮機が4～5段付加され、その後段に遠心型圧縮機が1段という構成になっている。

5-2 ガスタービン・エンジンの構造

ガスタービン・エンジンの主要部分である圧縮機、燃焼室、タービンについて詳しく述べる。

a. 圧縮機

圧縮機は、その名の通り空気を圧縮する役目をするが、これには軸流型と遠心型がある。

◆ 軸流型圧縮機

軸流型は、ローターとステーター（静翼）から構成され

ている（図5-5）。

ローターは多数のローター・ブレード（動翼）からなり、軸方向に何段も並べたものが一体となって回転する。

ステーターは、ローター・ブレードの各段の中間にくるよう配置されている。ステーターは回転せず、エンジンのケースに固定されている。

1列のローターと1列のステーターとの組み合わせを"段"という。段が多いほど、空気を高圧縮できる。

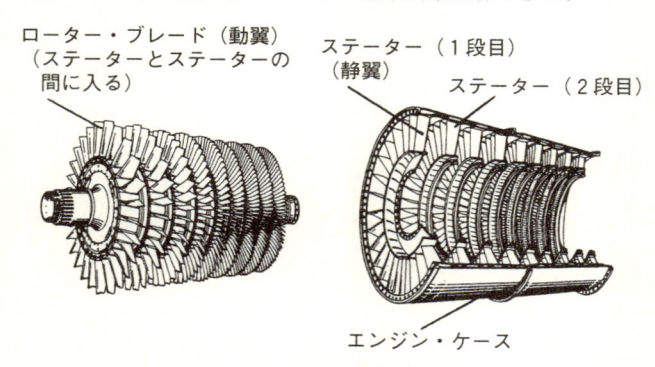

図5-5 軸流型圧縮機の構成

◆ 遠心型圧縮機

遠心型の圧縮機（図5-6）は、インペラーの中心付近から吸入された空気を、インペラーの高速回転による遠心力で、インペラーの外周方向へ放出し加圧する。

この加圧空気は、ディフューザーに進み、ここで速度エネルギーから圧力エネルギーに変換される。このエネルギーはマニホールドを通り燃焼室に送り込まれる。

ターボプロップ、ターボシャフト・エンジンでは遠心型

遠心型圧縮機の拡大図
（インペラー）

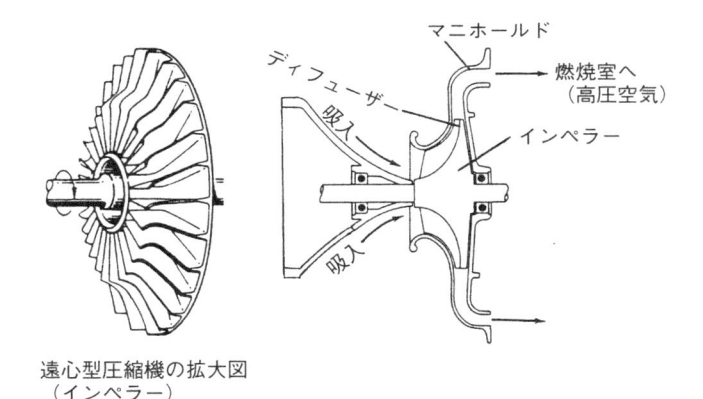

図5-6　遠心型圧縮機の構成

圧縮機を採用する例が多い。

　しかし遠心型圧縮機は、高圧力を得るにはインペラーを何段か重ねる必要がある。しかしそのため構造が複雑になり、せいぜい2段が限度である。また前面面積が大きいので、大量の空気を処理できない、あるいは前面抵抗が大きいなどの欠点がある。

　こうした理由から、現在では、高出力が要求される大型ターボファン・エンジンでは、すべて軸流型の圧縮機になっている。

b．燃焼室

　圧縮機で高圧にされた空気に燃料を霧状に噴射して、高温ガスにするのが燃焼室の役目である。

◆　ガスの流れ

　燃料コントロール装置から送られてきた燃料は、燃料ノ

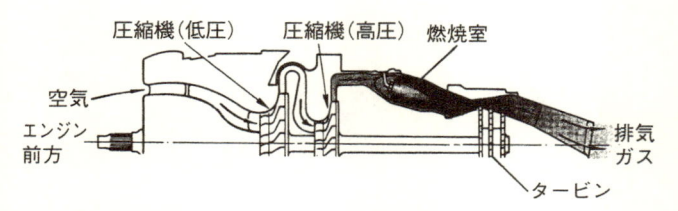

図中ラベル（図5-7）: 圧縮機（低圧）　圧縮機（高圧）　燃焼室　空気　エンジン前方　排気ガス　タービン

注：図はターボプロップ・エンジンの半分を示したもので、ターボファン・エンジンはすべて図示のように「順流れ」を採用。

図5-7　直流型燃焼室

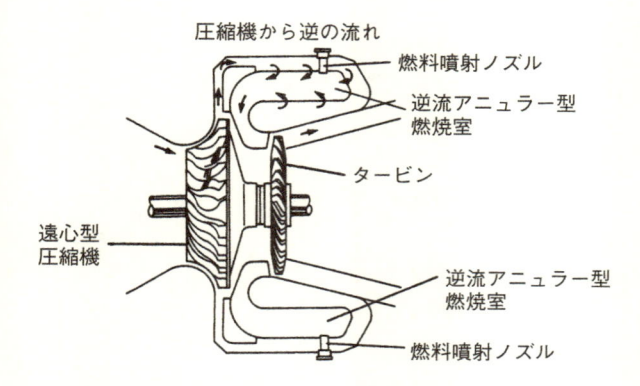

図中ラベル（図5-8）: 圧縮機から逆の流れ　燃料噴射ノズル　逆流アニュラー型燃焼室　タービン　遠心型圧縮機　逆流アニュラー型燃焼室　燃料噴射ノズル

図5-8　逆流型燃焼室

ズルで高圧にし、霧化されて燃焼室に噴出され、圧縮機からの圧縮空気と混じた混合気体となる。これに点火プラグで電気火花を発すると、高温ガスとなる。

電気火花はエンジン始動時のみで、いったん高温ガスができれば、その後は不要になる。

燃焼室の燃焼ガスの流れは2種類ある。

図5-7は、燃焼室に入ってくる空気と、そこから出て

いくガスの流れの方向が同じで、これを直流型燃焼室という。直流型の燃焼室は中・大型エンジンに用いられている。

これに対して、ヘリコプターなどの小型エンジンには、燃焼室に入ってくる空気と、出ていく燃焼ガスの流れの方向が逆になる逆流型燃焼室（図5-8）を採用している。

逆流型燃焼室にすることでエンジンの全長を短くでき、エンジンを軽量化できる。

◆　燃焼室での圧縮空気の流れ

圧縮機からの圧縮空気は燃焼室に送り込まれるが、この圧縮空気は一次空気と二次空気とに分けられる（図5-9）。

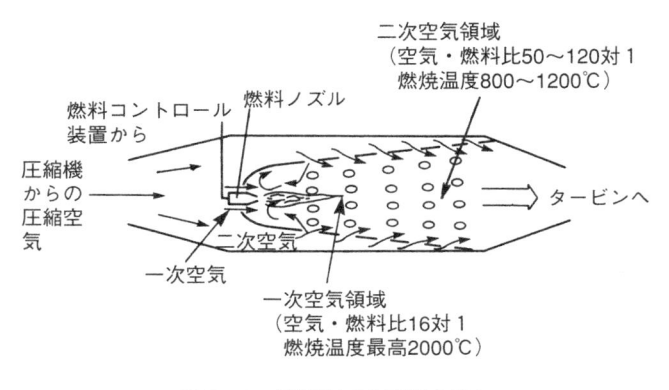

図5-9　燃焼室での空気の流れ

一次空気の空燃比（空気と燃料の比）は約16対1である。

ただし、一次空気領域の燃焼温度は1600〜2000℃にもなる。タービンがこの温度に耐えられないので、これを直接タービンには送り込めない。

そこで、二次空気で一次空気の燃焼ガスを希釈する。こ

の二次空気領域の空燃比は50〜120対1で、その燃焼領域の燃焼温度は800〜1200℃である。つまり二次空気は、燃焼はするものの、燃焼室内の温度を下げる役目をする。

また圧縮空気が燃焼室に入るときの速度は100〜200m/sにも達する。このままの状態で燃焼させると、火炎は高速空気流で吹き消されてしまう。

そこで、一次空気の通り道に旋回案内羽根を設け、ここで圧縮空気に旋回を与えて適度に乱し、10〜20m/sに減速させる。こうして、常に安定した連続燃焼を得るようにしている。

なお、一次空気と二次空気の割合は1対3である。

◆ 燃焼室の3タイプ

燃焼室の構造には、3タイプがある。

カン型（5〜10個の筒状の燃焼室を同一円周上に並べたもの）、アニュラー型（ドーナツ状の一体構造をしたもの）、カニュラー型（両者を組み合わせたもの）である。

最新のエンジンでは、出力の大小に関係なく、ほとんどがアニュラー型を用いている。

c．タービン

◆ タービンの形式

燃焼室を出た高温・高圧ガスを膨張させ、その熱エネルギーで圧縮機やローターなどを回転させるのがタービンである。

タービンにはラジアル型と軸流型があるが、最近はほとんどが軸流型となっている。

ラジアル型は、遠心型圧縮機を逆にした構造で、ガスの

流れる方向と回転方向が、圧縮機とは逆になる。

軸流型タービン（図5-10）は、軸流型圧縮機に似ており、静止部分のタービン・ステーター（タービン・ノズルともいう）と回転部分のタービン・ローターとの組み合わせで構成されている。

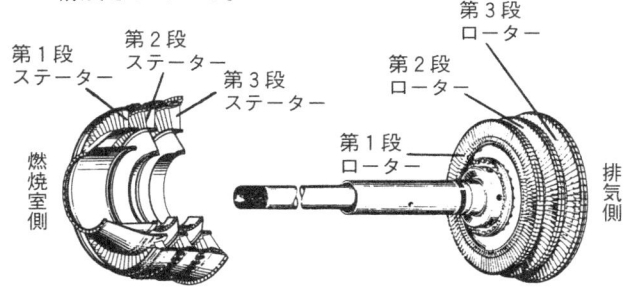

図5-10 軸流型タービンの構成

タービン・ステーターは、翼型断面をしたノズル・ガイド・ベーンを環状に並べたものである。その役目は高温・高圧ガスを膨張、減圧させ、また高温・高圧ガスをタービン・ローターに対して、最良の角度で当たるようにコントロールする。

タービン・ローターも翼型断面をしており、タービン・ディスクの外周上に取り付けられ、回転する。

軸流型圧縮機と同じように、1列のタービン・ステーターと、1列のタービン・ローターとの組み合わせを段というが、ターボシャフト・エンジンでは、ほとんどが2段である。

◆ タービンの構造

次ページ図5-11はタービン・ローターの1枚（ブレ

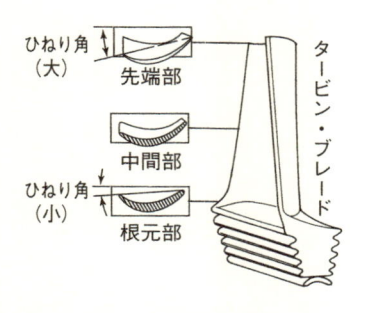

図5—11 タービン・ブレードの形状

ード)を示している。

　図からも分かるように、ブレードの根元と先端では、その取付角が異なっている(ブレードにひねりを与えている)。

　ひねることで、ブレードの周速度が、根元から先端にいくにしたがって、半径に比例して増加するのを防ぐ。つまり、ブレードの根元から先端まで、全域にわたって均一に仕事ができるようにしている。この理論は、プロペラと同一である。

　ブレードをタービン・ディスクに取り付ける方法はいろいろあるが、最も広く行われているのは、クリスマス・ツリー型と呼ばれるものである(図5-12)。

　これは、ブレードの根元をクリスマス・ツリーを逆さにしたような形状にして、これに合う凹みをタービン・ディスクに付けてある。

　ブレードをディスクに取り付ける際には、1枚ずつ差し込み、簡単な抜け止めのピン、または薄板などで押さえている。

　ブレードとディスクを差し込んだクリスマス・ツリー部

第5章 ヘリコプターのエンジン・燃料系統

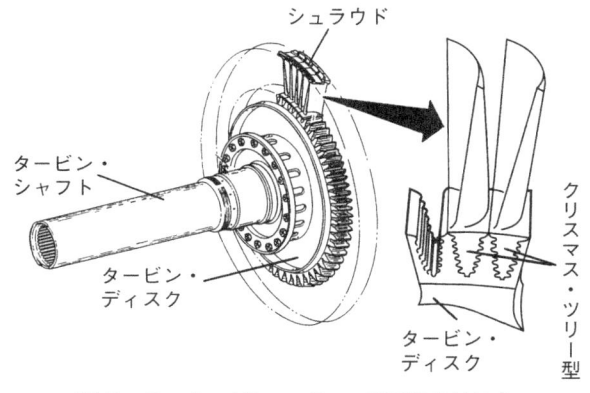

図5−12 タービン・ブレードの取り付け方

は、若干の間隙を作り、運転時にブレードとディスクとの温度差による熱膨張量の違いによって生じる応力を減少させている。

ジェット旅客機に搭乗するためエンジン前を通過したときに、風などでエンジンが空転していると、カチカチという音が聞こえるのはこのためである。

ブレードの先端に、シュラウドの付いたタービンもある。

これは、ブレードの共振防止と、燃焼ガスの漏れ止めのためである。ガス漏れが少ないほど、タービン効率が向上する。

◆ タービンの冷却

燃焼室からタービンに出てくる燃焼ガスの温度を高くするほど、圧縮機の圧力比が高くでき、エンジン熱効率がよくなる。

タービンは、運転中、絶えず 1000℃前後の高温にさら

されており、また回転しているため過酷な状態となっている。このような状況下では、運転中に材料が次第に変形し、最悪時には破断する（クリープ現象）恐れがある。

そこで、タービン付近に温度計受感部を設置し、温度計をコクピット計器盤に設置して、タービン部の温度監視を行っている。

しかし現在では、ニッケル基耐熱合金が採用され、融点も1000℃以上となった他、空冷タービン・ブレードの開発により、より信頼性の高いガスタービン・エンジンができている。

(a) コンベクション冷却　　(b) フィルム冷却

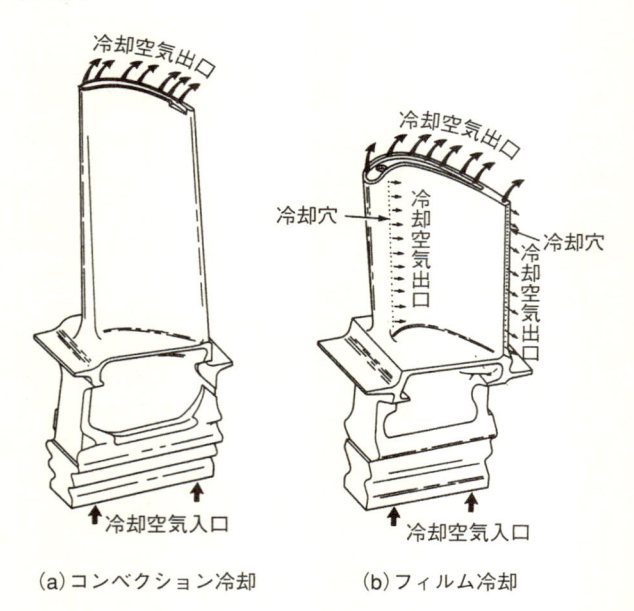

図5-13　タービン・ブレードの冷却法

タービン・ブレードの冷却法にはいろいろあるが、代表的なものを図 5-13 に示す。

同図 (a) のコンベクション冷却は、タービン・ブレードの内部に空洞を設け、ここに冷却空気を導入し、ブレードの先端から空気を逃がしている。

同図 (b) のフィルム冷却は、ブレード内部の空洞に冷却空気を導入し、ブレード表面に設けた小穴から冷却空気を出している。

その冷却空気はブレード表面に沿って流れるので、ブレードは冷却される。

なお、耐熱合金に冷却用の小穴（直径0.05〜0.5mm）を開ける作業は機械的な工作では困難なため、レーザーを用いている。

5-3 トランスミッション

a．トランスミッションの役割

ヘリコプターのトランスミッションの役目は、機種によって若干異なるが、以下の二つに大別できる。

① エンジンの回転を減速してメーン・ローター、テール・ローターに伝える。
② 油圧ポンプ（操縦系統の作動、着陸装置の上げ・下げの動力源）、発電機（電力を得る）、燃料ポンプなどの補機を駆動する。

トランスミッションの搭載場所も機種によって異なるが、ほとんどがエンジンの近くに置かれている。

図5-14は、大型ヘリコプターのトランスミッションおよびその関連機構を示している。

このヘリコプターは、2基のエンジンを搭載している。2基のエンジンから伝達された回転は、トランスミッションで一つにまとめられ、メーン・ローター、テール・ローターあるいは補機などを駆動する。

エンジンのタービンの回転は、約23000rpm（1分間に2万3000回転）と非常に速いので、トランスミッション内の減速ギアで約260rpmにされ、この回転数がメーン・ローターに伝わる。またテール・ローターの駆動軸は約1300rpmに減速される。

タービンの回転数やローターの減速回転数は、機種によって異なる。

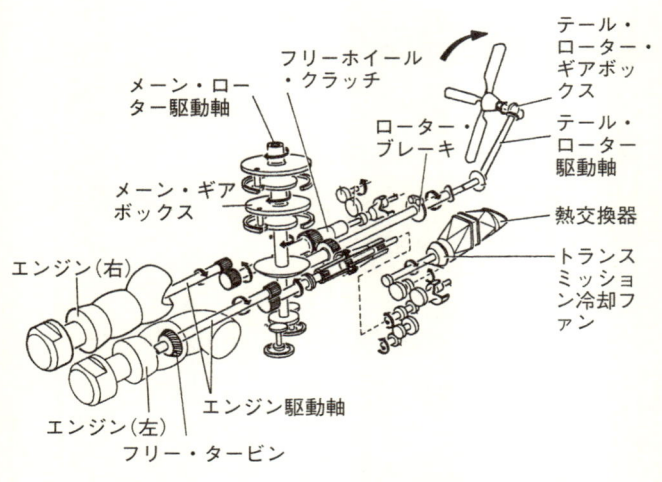

図5-14 トランスミッションの伝達系統

b．フリーホイール・クラッチ

　フリーホイール・クラッチは、円形の内輪と外輪で構成されており、その間にローラーなどが内蔵されている。

　エンジンがメーン・ローターを駆動しているときは、ローラーはエンジン側とトランスミッション（ローター）側をエンゲージ（かみ合わせる）しているので、エンジン出力はメーン・ローターに伝達される（図5-15）。

　エンジンが故障などして、その回転がメーン・ローター回転より遅くなったときは、ローラーがローター側と自動的にディスエンゲージ（切り離し）され、不作動側のエンジンをメーン・ローターなどから切り離すことができる。

　この切り離しがないと、ローターはオートローテーショ

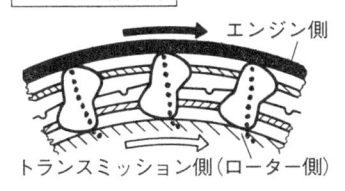

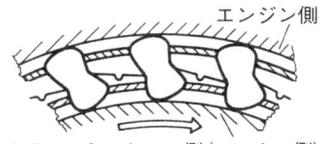

図5-15　フリーホイール・クラッチの仕組み

ン（34ページ参照）しているから、停止しているエンジンを無理に駆動することになる。

この場合はローターの回転にブレーキがかかり、また故障したエンジンの損傷はますます拡大して、事態を悪化させることになってしまう。

もちろんこの場合でも、残りのエンジンで飛行できる。

さらに両エンジン不作動時には、フリーホイール・クラッチは両方ともトランスミッションから切り離される。

なお、エンジンが故障したときも、オートローテーションによって着陸が可能なことは、第1章で述べたとおりである。

ローター・ブレーキは、ローターがエンジン停止後にいつまでも回転しないように止める役目を持っている。通常はエンジン停止操作の後、図1-3（19ページ）で示したローター・ブレーキ・レバーを操作することで、ローターが停止する。

5-4 燃料系統

燃料系統とは、本来、燃料タンクからエンジンまでの道筋をいうが、ここではまず燃料から説明することにする。

a．燃料の種類

航空界で使用されている燃料を大別すると、軽質ナフサ、重質ナフサ、灯油の3種類である。

軽質ナフサはいわゆるガソリンだが、自動車に使われるものよりずっと良質である。すなわち①発熱量が大きい、

②気化性がよい、③アンチノック性がよい（ノッキングしにくい）、④燃料タンクなどを腐食させない、⑤耐寒性が大きい（温度が低くても凍結しない）といった特性を持っている。

　ガソリンはピストン・エンジン装備の飛行機・ヘリコプターで使われている。

　ガスタービン・エンジンの燃料は、重質ナフサと灯油である。

　重質ナフサは、ガソリンと灯油が約半分ずつ混合されたもので、正式にはジェットBという。一方、灯油は家庭用灯油と同じものを精製し、純度を高めたもので、ジェットA-1（またはジェットA）と呼ばれている。

　ジェットA-1およびジェットBを通称ジェット燃料という。現在では、ほとんどがジェットA-1になりつつある。

b．燃料タンク

　飛行機の燃料タンクには、合成ゴム製のブラダー・タンクと、主翼あるいは尾翼の空間をタンクにした、インテグラル・タンクとがある。ジェット旅客機を始めとするほとんどの飛行機は、インテグラル・タンクを採用している。

　一方ヘリコプターでは、胴体下部の空間をインテグラル・タンクにした機種もあるが、ほとんどがブラダー・タンクである（次ページ図5-16）。

　燃料タンクは、床下の胴体下部に設置されることが多い。これは、もともと床下に空間があることと、クラッシュワージネスのためである。

　クラッシュワージネスとは、事故のとき、乗客・乗員の

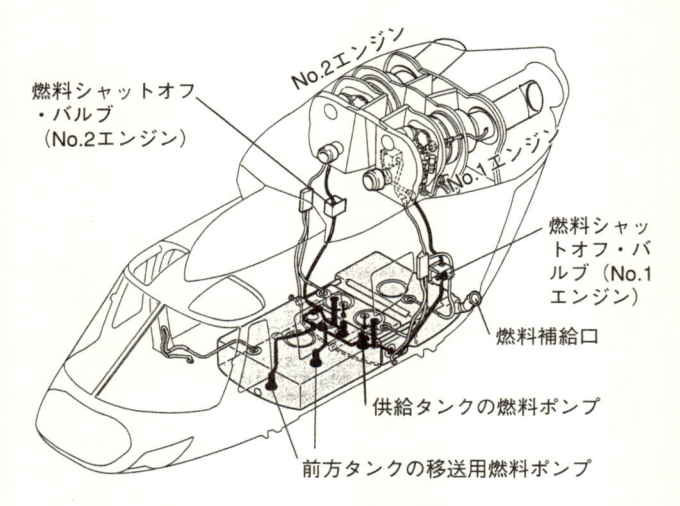

図5-16　燃料タンクの配置の一例

生存率をできるだけ高くしようとする設計思想をいう。衝撃で胴体下面が破壊されても、燃料タンクの合成ゴムや空間が緩衝材の役目をして、乗客・乗員を守る。

　図5-16では分かりにくいが、タンクは前方タンク、供給タンク、後方タンクの3つに仕切られている。

　これは、ヘリコプターの急激な運動で、燃料が一方に偏らないようにするためである。燃料が偏ると、バランスを崩し、ヘリコプターの安定上好ましくない。

c．燃料補給 ────────────────────

　ジェット旅客機の燃料補給は、主翼下部（タンク底部）の補給口に燃料ホースを接続し、燃料に圧力をかけてタンクに送り込む圧力補給式で行う。圧力補給式は、短時間に

大量の燃料を補給するのに適している。

一方、小型飛行機やヘリコプターでは、ジェット旅客機に比べるとタンク容量も小さいので、自動車への燃料補給と同じ重力補給式がとられている。

ヘリコプターの燃料補給口は、胴体側面に設けている（図5-16参照）機種が多い。

燃料タンクの容量は機種によって異なるが、中型ヘリコプターで約600ℓ、ドラム缶に換算して約3本分を搭載できる。

エンジン始動時は、供給タンクの燃料ポンプ（電気モーター）を作動させて、燃料をエンジンに供給する。

またエンジン始動後は、エンジン駆動の燃料ポンプが燃料を吸い上げるが、供給タンクの燃料ポンプは、そのままONにしておく機種が多い。

d．燃料量計

燃料タンク内にある燃料の量は、コクピットの計器盤にある燃料油量計で分かる。その送信器（トランスミッター）は、燃料タンク内にある。

トランスミッターの構造は、同心の二重チューブ（キャパシター）から成っている。

燃料のレベル（量）が増減すると、二重チューブの間の燃料量も増減する。これによって誘電率の値が変わり、トランスミッターの容量（静電容量）が変化するから、この信号を燃料量計（次ページ図5-17）に送る。

燃料量計とは別に、低燃料量注意灯が独立系統として備えられている。

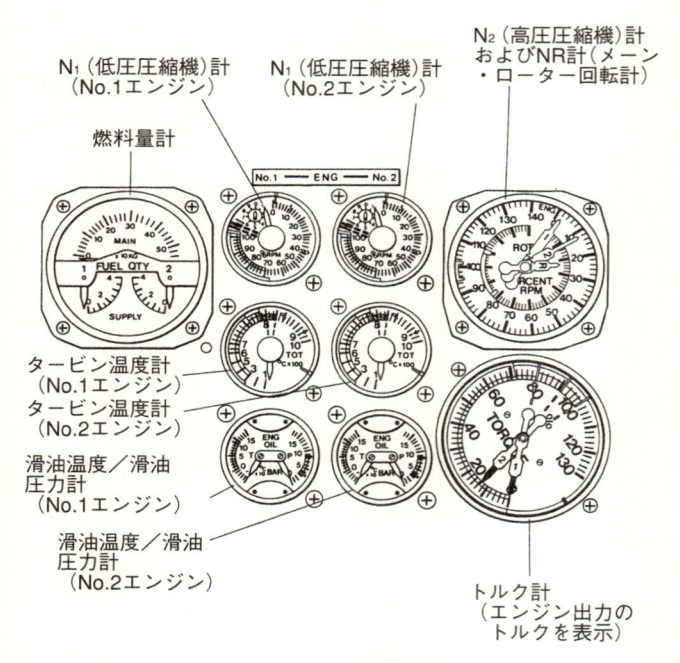

図中ラベル:
- 燃料量計
- N₁(低圧圧縮機)計（No.1エンジン）
- N₁(低圧圧縮機)計（No.2エンジン）
- N₂(高圧圧縮機)計およびNR計(メーン・ローター回転計)
- タービン温度計（No.1エンジン）
- タービン温度計（No.2エンジン）
- 滑油温度／滑油圧力計（No.1エンジン）
- 滑油温度／滑油圧力計（No.2エンジン）
- トルク計（エンジン出力のトルクを表示）

図5－17　エンジン／燃料系の計器

　低燃料量トランスミッターの主要部分は、磁気浮子（フロート）によって動く軸内に納められたリード・リレーである。

　燃料タンク内の燃料が多いときは、フロートが上がっていてリード・リレーは開いている。しかしタンク内の燃料がある量以下になると、下がってきたフロートがリード・リレーを作動させ、計器盤にある低燃料量注意灯のアナンシエーター・パネルを点灯させる。

e．防火と水抜き

エンジン火災にも万全の装備が施されている。万一エンジン火災が発生すると、燃料シャットオフ・バルブが働いて、エンジンへ送られる燃料が自動的に止められる（詳しくは123ページ「4－6　防火・消火装置」参照）。

なお、燃料に水やごみが混入すると、最悪の場合にはエンジンがストップする。そこで各燃料タンクの最も低い位置に、ドレーン・バルブを設けている。飛行前には、ここから水抜きやゴミ抜きを行うことになっている。

5-5　滑油系統

a．滑油

エンジンやトランスミッション内部には、各種のギアや圧縮機・タービンを支えるベアリングがあり、これらを適切に潤滑する滑油はなくてはならない。滑油をギアやベアリングに送り込む装置が滑油系統である。

航空用滑油の条件は、温度による粘度変化が少なく、酸化安定性がよく、耐熱性に優れていることである。これらを満たすため、現在では合成油が用いられている。

滑油は循環して用いられるが、少しずつ消費されるので、飛行時間を見て補給する。ただし、ピストン・エンジンのように、燃焼室で燃焼される（ただし若干量）こともないので、ピストン・エンジンに比べ、その消費は少ない。

また滑油は定期的に交換するようになっている。この場合、飛行時間（例えば100時間）によることが多い。この

時間点検では、滑油フィルターに金屑などないかも点検される。

b．トランスミッションの冷却

図5-18にトランスミッションの解剖図を示す。

図5-19は、トランスミッション内の各種ギアなどの

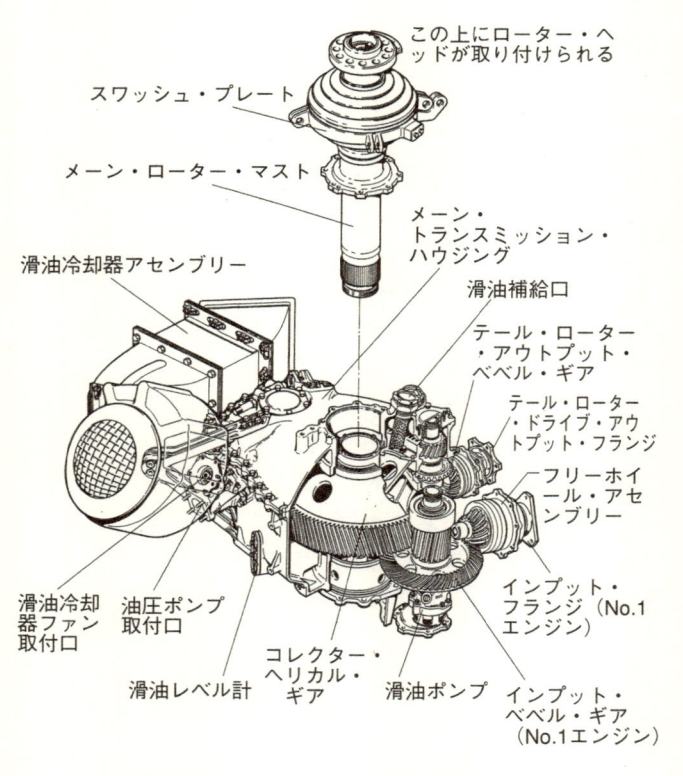

図5-18 トランスミッションの解剖図

第5章　ヘリコプターのエンジン・燃料系統

潤滑および冷却を行う系統を示している。ただし、図ではトランスミッション内の各種ギアは省略してある。

　この系統はフェール・セーフ（故障した場合、それをバックアップする）のため、二つの独立した系統からなる。図の左右が対称であるのはそのためである。

　滑油サンプには滑油が溜まっている。その滑油を滑油ポンプが吸い上げ、滑油冷却器に送られ冷却される。

　滑油ポンプの前にはサクション・フィルターがあるが、これは金属異物が系統内に混入するのを防ぐためである。滑油は、滑油冷却器に入る前にこのフィルターを通るが、そこに目詰まりが生じた場合は、バイパス・バルブを通って滑油冷却器にいくようになっている。

　ヘリコプターの冷却器にはファンがついていて、これで

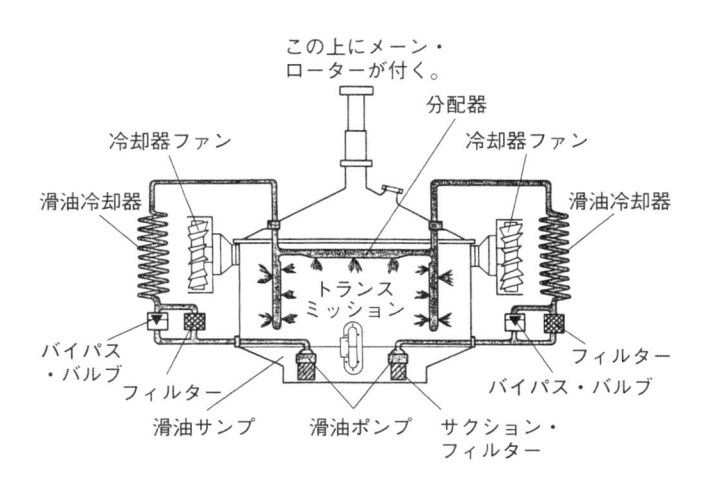

図5－19　トランスミッション内の滑油系統

強制冷却される。

飛行機の場合は、前進速度があるのでファンは必要ないが、ヘリコプターでは低速飛行やホバリングもするので、冷却器に空気が当たらないこともある。そこでファンが必要なのである。

分配器は、所々にノズル（小穴）を設けてあり、このノズルからスプレー状に滑油を噴射させ、すべてのベアリング、ギアあるいはフリーホイール・アセンブリーを潤滑するようになっている。

ベアリング、ギアなどを潤滑した滑油は、重力で自然に滑油サンプに流れ落ちる。

C．エンジンの潤滑

図5-20は、ターボシャフト・エンジンの滑油系統を示している。

①滑油タンクにある滑油は、エンジン駆動の③高圧ポンプで吸い上げられ高圧にされて、⑤チェック・バルブ（一方に滑油を流すが逆方向には流さない）を通って、⑥滑油フィルターに入る。滑油に混じった不純物は、このフィルターで止められる。

フィルターを通過した滑油は、ギアボックスあるいは圧縮機・タービンを支えている軸受ベアリングを潤滑する。

潤滑を終えた滑油は⑰スカベンジ・ポンプによって、⑱マグネチック・チップ・ディテクター、および⑲滑油冷却器を通って①滑油タンクに戻される。

⑬油温・油圧計はコクピットの計器盤にあり、モニターできるようになっている。

第5章　ヘリコプターのエンジン・燃料系統

①滑油タンク
②滑油ポンプ&フィルター・アセンブリ
③高圧ポンプ
④圧力調整バルブ
⑤チェック・バルブ
⑥滑油フィルター
⑦滑油フィルター・バイパス・バルブ
⑧バイパス・スイッチ
⑨油温受感部
⑩油圧受感部
⑪油圧スイッチ
⑫アナンシエーター・パネル(計器板)
⑬油温・油圧計
⑭チェック・バルブ
⑮タービン軸受ベアリング
⑯トルク計
⑰スカベンジ・ポンプ
⑱マグネチック・チップ・ディテクター
⑲滑油冷却器
⑳サーモ・バイパス・バルブ
㉑滑油タンク・ベント
㉒空気・滑油セパレーター
㉓アクセサリー・ギアボックス・ベント

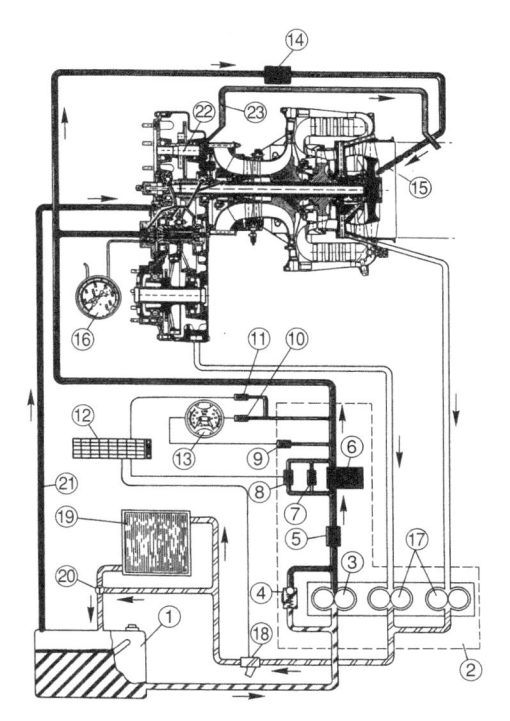

▰▰ 供給油
▬▬ 圧力油
―― スカベンジ油
▰▰ スカベンジ・リターン油
―― ベント

図5−20　ターボシャフト・エンジンの滑油系統

159

⑱マグネチック・チップ・ディテクターは、ギア破片・ベアリング破片などの金屑を吸い付け、それをコクピットのセンター・コンソールにある⑫アナンシエーターに表示する。

アナンシエーターとは、あらかじめ設定した制限を超えたり、不都合が生じたときに、警告灯や警告音でパイロットに知らせるものである。

規定の温度値より高い滑油は、滑油冷却器を通るよう、⑳サーモ・バイパス・バルブが自動的にコントロールする。

ベント・ラインは、滑油タンク内の圧力を、ギアボックス内あるいは大気と同じ圧力に保つ役目をする。

滑油がギアボックス内などで潤滑していると、空気を含んでしまう。この空気は潤滑の妨げとなるので、㉒空気・滑油セパレーターで空気を分離し、大気に放出するようにしている。

6章

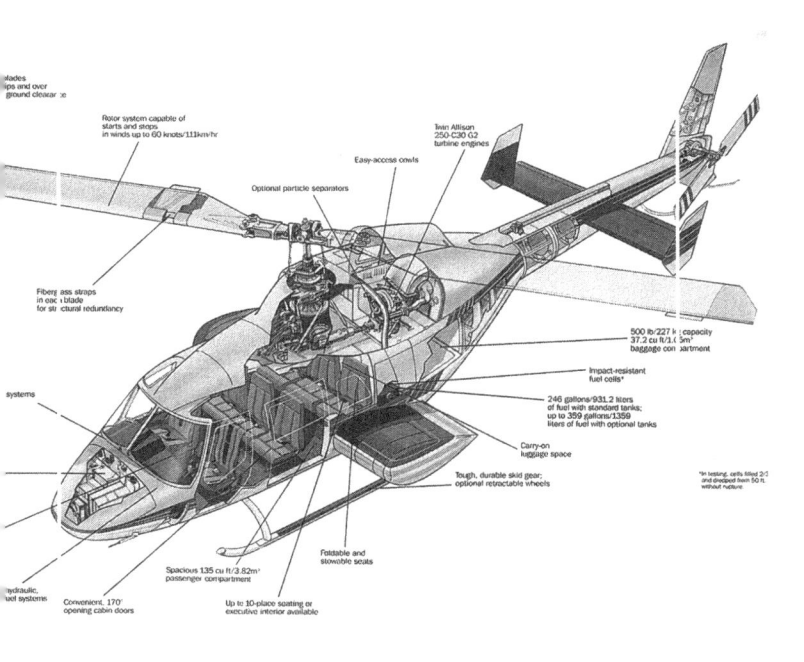

ヘリコプターの機体構造

6-1 胴体の構造

a. モノコック／セミモノコック構造

　ヘリコプターには多種の構造様式があるが、図6-1は、中型ヘリコプターの川崎BK117の胴体構造を示している。中型機は、エンジンおよびトランスミッションは胴体の上部に置かれている。

　胴体はフレームで形造られており、このフレームの直角方向、すなわち胴体の前方から後方にかけて、数十本のストリンガーが配置されている。

　ストリンガーはただの平板ではなく、L字またはU字形に作られているため、曲げモーメントに強い。これらのフレーム、ストリンガーに外板が張られている。

　ヘリコプターの胴体の外板は、当初アルミニウム合金が多く採用されていたが、最近では複合材料が主流を占めてきた（175ページ参照）。これは複合材料の信頼性、成型加工性、軽量化などが十分に立証されたためである。

　上述のフレーム、ストリンガー、外板で構成されたものをセミモノコック構造といい、ジャンボ機などの大型ジェット旅客機もこの構造様式を採用している。

　これに対して、フレームと外板だけで構成されているものをモノコック構造といい、ヘリコプターではテール・ブームなどにこの構造様式を用いている機種がある。

　この部分はそれほど強度を必要とせず、そのため構造を軽く、製造コストも安く造ることができる。

第6章 ヘリコプターの機体構造

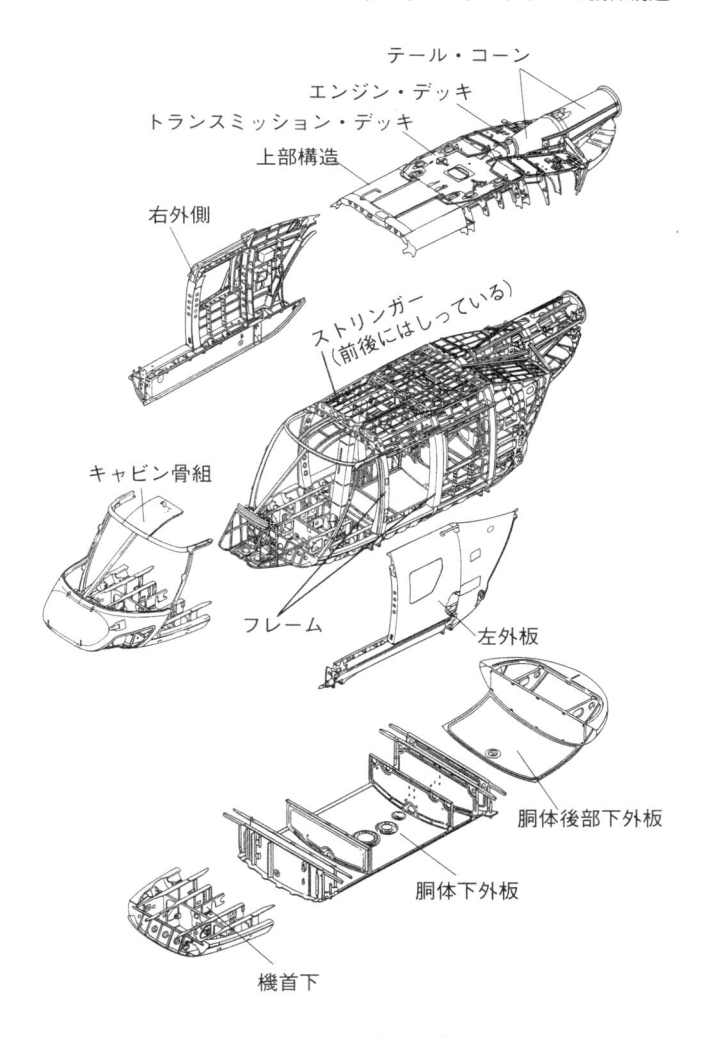

図6-1 胴体の構造

b．枠組構造

骨組だけで構成されている構造様式を枠組構造（図6-2）という。

図6-2　枠組構造

部材は鋼管でできていて、各部材の端末はピン結合と溶接結合されている。初期の飛行機やヘリコプターの多くが、この枠組構造を採用していた。しかし管中の錆の点検・防止に手間がかかり、整備に要する時間が多いこと、あるいは、この構造では機内のスペース容量がとれないなどの欠点がある。

このため枠組構造の機体は、現在では残り少なくなり、ここ数年で消えていく運命にある。

6-2　テール・ユニットと着陸装置

a．テール・ユニット

テール・ユニット（テール・ブーム、垂直安定板、水平

第6章 ヘリコプターの機体構造

安定板、テール・ローター等)は、胴体側のコーン・フランジにボルト結合されている(図6-3)。

構造様式はセミモノコックまたはモノコック構造。外板はアルミニウム合金だが、複合材料を使用する機種も増えてきた。

テール・ブームの外側上部には、テール・ローターを回転させる駆動軸があり、フェアリングで覆われている。

駆動軸をテール・ブームの中に通せば、フェアリングは不要であるし、テール・ブームもすっきりする。しかし駆動軸の点検・交換を考えれば、フェアリングで覆った方が得策である。

また、ほとんどのヘリコプターが離陸・着陸時に異常な機首上げ操作をしたとき、テール・ローターまたは垂直フ

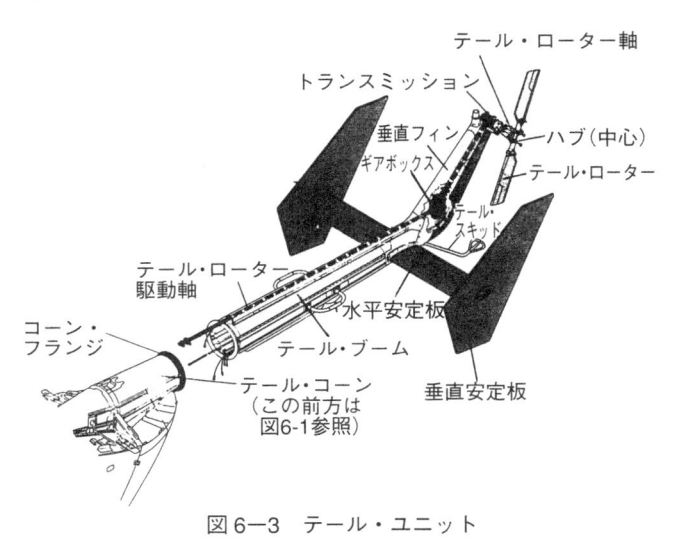

図6-3 テール・ユニット

ィンが地面に接触するのを防止するため、垂直フィンの下にテール・スキッドを付けている。

b．着陸装置

ヘリコプターの離陸は、垂直あるいは斜めに上昇し、着陸はほぼ垂直に接地するため、飛行機のような離陸滑走・着陸滑走はしなくてよい。そのためヘリコプターの着陸装置は、飛行機ほど頑丈でなくてもよいし、強力なブレーキ装置も必要としない。

そこでヘリコプターの着陸装置は、スキッド式（図6-4）を装備した機種が多い。図中の車輪も、ヘリコプターが地上を移動するときに用いられるもので、普段はスキッドの上にあり、地面には接していない。

このスキッドにスキーあるいはフロートを付けると、それぞれ雪上、水上に降りられる（図6-5）。

着陸時に胴体に過大な応力がかかるのを防ぐため、クロス・チューブ上のアタッチメント・リング（168ページ図6-6）が胴体フレーム間でスイベリング（回転）し、曲げモーメントを、全てクロス・チューブの曲げによって吸収する。

ただし大型機には車輪式（168ページ図6-7）が多い。車輪式ではエンジンを運転（メーン・ローターを回転）させるか、あるいは牽引車につなぐことで地上走行することができる。

また飛行速度を重視する機種は、飛行中の抵抗軽減のため、車輪を胴体内に格納できる引込脚を採用している。

小型機にも例外的に車輪式がある。

第6章　ヘリコプターの機体構造

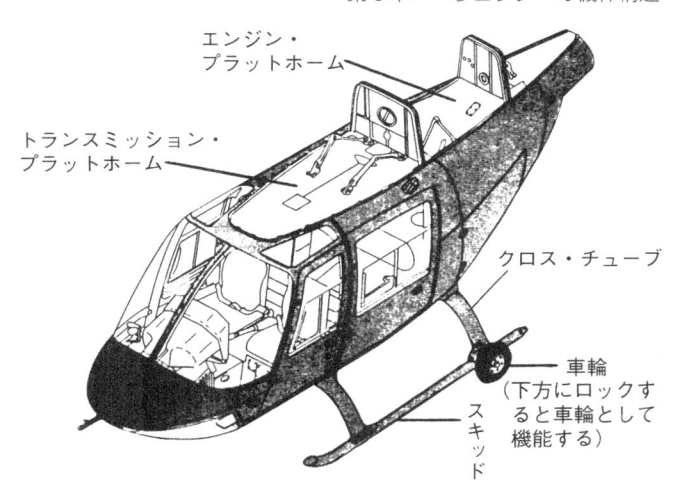

図6-4　スキッド式着陸装置

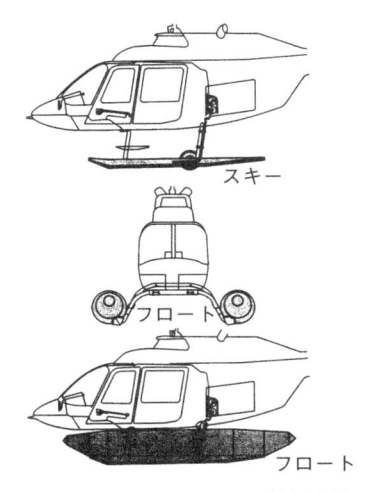

図6-5　スキーやフロートの装備方法

図6−6 スキッドの取り付け方法

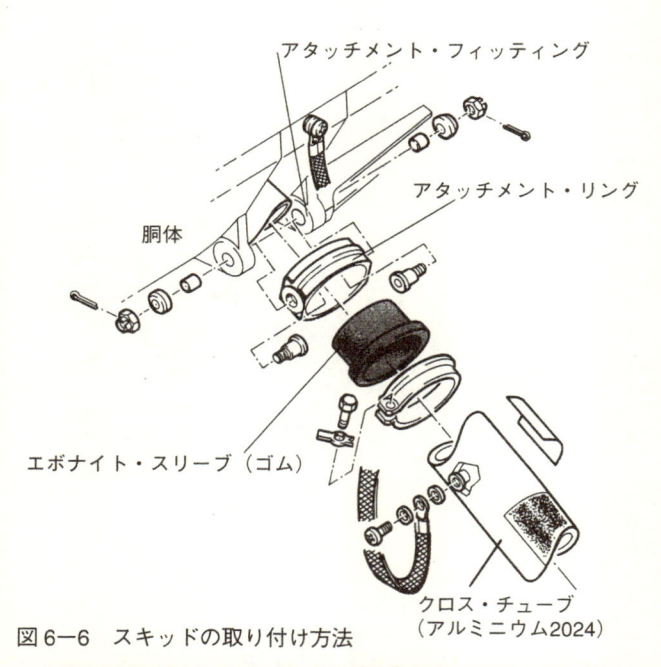

（図中ラベル）
- アタッチメント・フィッティング
- アタッチメント・リング
- 胴体
- エボナイト・スリーブ（ゴム）
- クロス・チューブ（アルミニウム2024）

図6−7 大型機に多い車輪式着陸装置

6-3 金属材料

　ヘリコプターの機体には、例えばエンジンの周辺は、ステンレス鋼のように熱に強い材料が使われている。さらに胴体などを形作っているフレーム、ストリンガー、そして高強度を必要とする着陸装置は、アルミニウム合金または鋼と、いずれも金属材料が採用されている。

　もちろん金属といっても、その種類は多様で、当然、比重の大きい金属は航空機には使えない。

　現在の航空機に使われている比重の小さい金属の代表は、アルミ合金である。

a．アルミ合金

　純アルミ（アルミニウム）の比重は2.7と、実用金属のうちではマグネシウムに次いで軽い。ただし機械的性質、特に引張強度が弱いため、この純アルミにマグネシウム、マンガン、ケイ素、銅、亜鉛などの合金元素を加えて強度を向上させた改良アルミ合金が多種ある。

　この合金は「米国アルミニウム協会（AA規格）」が決めた規格（日本のJIS規格も同様）によって分類されているが、それは次のようなものである。

◆　アルミニウム1100

　純度99％以上の純アルミ。

　軟らかくて加工性がよく、耐食性に優れているため、燃料タンクや滑油タンク、パイプなどに使われる。しかし機械的強度が弱いため、他の部材には使われない。

◆　アルミニウム2014

純アルミに銅4.4%、ケイ素0.8%、マンガン0.8%、マグネシウム0.4%を含有したアルミ合金。

応力(物体が荷重を受けたとき、荷重に応じて物体の内部に生じる抵抗力)の大きい部分の鍛造品(アングル材)として用いられる。

◆　アルミニウム2017

純アルミに銅 4%、マグネシウム0.5%、マンガン0.5%を含有したアルミ合金。

ドイツ人のヴィルムが発明した「ジュラルミン」として知られている。発明当初は航空機の外板に用いられていたが、現在では外板ではなく、ストリンガーやフレーム、あるいは外板などを一体化するリベットに多用されている。

◆　アルミニウム2024

純アルミに銅 4.5%、マグネシウム1.5%、マンガン0.6%を含有したアルミ合金。

超ジュラルミンと呼ばれ、引張強度48kg/mm^2、耐力は34kg/mm^{2}もあるため、ヘリコプターではテール・ブーム(165ページ図6-3)の外板に広く用いられている。

なお耐力と言うのは、アルミ合金のように明確な降伏点(それ以上の応力増加なしでも、ひずみが増加する最小応力)がない材料について、材料に一定量(0.2%)の永久ひずみ(応力により物体内に生じる変形)を生じさせるような応力をもって表す。

◆　アルミニウム6061(5052)

純アルミにマグネシウム 4.4%、ケイ素 0.8%、銅 0.8%、クロム 0.4%を含有したアルミ合金。

耐食性がよく、溶接ができ、しかも加工性がよいので翼端、エンジン・カバー（カウリング）、冷暖房用のダクトなど曲線を有する箇所、あるいは燃料タンクや滑油タンクとエンジンを結ぶチューブに用いられる。

◆ アルミニウム7075

純アルミに亜鉛 5.6％、マグネシウム 2.5％、銅 1.6％、クロム 0.3％を含有したアルミ合金。

超々ジュラルミンとも呼ばれ、引張強度 58kg/mm²、耐力 55kg/mm² と、2024よりもさらに強力な合金である。

ただしリベット孔など穴あけ作業などでクラックが入りやすく（もろい）、加工性が悪い、あるいは繰返荷重（引張・圧縮）に弱いという短所がある。

接地時の圧縮応力に耐えられる強度があるので、ヘリコプターでは、着陸装置のスキッドに使われる（次ページ図6-8）。

一方、同じ着陸装置でもクロス・チューブには、着陸時の衝撃を吸収する必要があるため、より弾力性のあるアルミニウム2024が使われる例が多い(168ページ図6-6参照)。

b．マグネシウム合金

マグネシウムにアルミニウム、亜鉛、マンガン、ジルコニウムを添加し、機械的な強度を高めた合金である。

マグネシウム合金の比重は約 1.8 で、実用金属中で最も軽い金属である。そこで重量軽減のためトランスミッションや減速ギアボックスのケース、あるいは着陸装置の車輪（ホイール）などに適用される。

ただし耐熱性、耐摩耗性が悪く、また飛行荷重を直接機

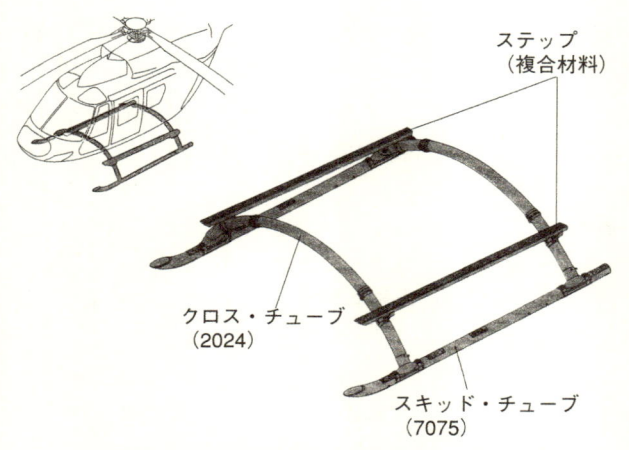

図6-8　着陸装置へのアルミ合金利用の一例

体へ伝達する箇所には、より強度の大きいアルミニウム合金の 2024 や 7075 の鍛造品が用いられることもある。

c．チタニウム合金

　純チタンと、これにアルミニウム、モリブデンを加えたチタニウム合金も使われている。

　チタニウム合金の比重は 4.5 で、マグネシウム合金、アルミニウム合金に次いで軽い。また腐食に強いと言われるステンレス鋼より耐食性に優れ、しかも 200～500℃の高温でも強さを保てる（ちなみにアルミニウム合金では、100～150℃を超えると急激に強度が低下する）。

　そこでチタニウム合金は、エンジン部品の一部や、最近ではメーン・ローター・ブレードのプロテクター（図 6-9 (c) (d)）に用いられている。

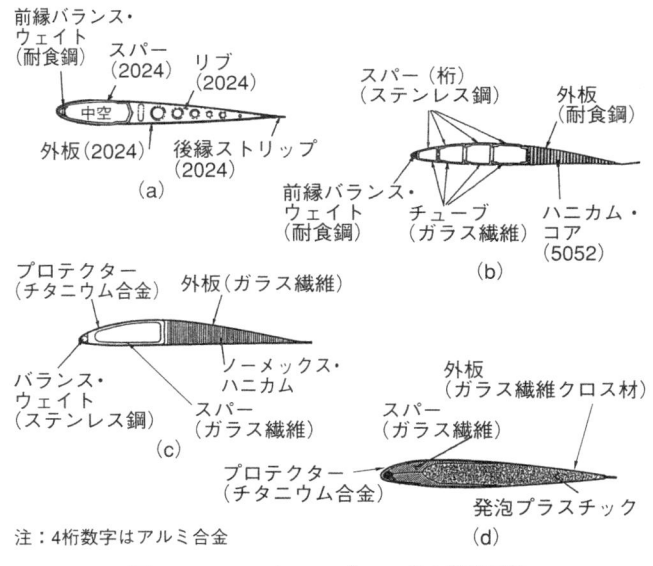

図6−9 ローター・ブレードの断面構造

d．鋼

　純鉄に各種の元素（炭素、ニッケル、クロム、マンガン、モリブデン、タングステンなど）を加えて合金にすると、耐食性（腐食しにくい）、耐熱性（熱による強度低下がない）、機械的性質などが向上する。こうした合金を一般的に鋼という。

　航空機に使われている鋼を大別すると炭素鋼、合金鋼、耐食鋼の3種である。

◆　炭素鋼

　鉄に炭素を0.02〜2％含有したもの。操縦系統の索（ケーブル）やレバーなどが炭素鋼でできている。

◆ 合金鋼

炭素鋼に炭素以外の元素を微量加えたもので、高張力鋼ともいう。これにはクロム・モリブデン鋼、ニッケル・クロム・モリブデン鋼がある。

クロム・モリブデン鋼はボルトや脚部品などに用いられる。ニッケル・クロム・モリブデン鋼は、ピストン・エンジンのクランク・シャフトやメーン・ローターのシャフトに用いられている。

特にローター・シャフトは、大きな回転荷重が働いているため、疲労強度が大きい真空溶融鋼（真空中で溶融、鍛造して不純物を取り除く）が用いられている。

もしも不純物が混じっていると、使用中にそこから欠損が拡大して行き、破壊に至ることもある。

真空溶融鋼は、トランスミッションの減速ギアやフリーホイール・クラッチ（149ページ図 5-15）などにも用いられている。

◆ 耐食鋼（ステンレス鋼）

クロムを多量に含有したステンレス鋼は、強い耐食性を持つ。マルテンサイト系ステンレス鋼、オーステナイト系ステンレス鋼（18-8 ステンレス鋼）などがある。

防火壁、エンジン部品、安全線、あるいはローター・ブレードのスパー（図 6-9 (b)）などに用いられている。

◆ 耐熱合金

オーステナイト系ステンレス鋼は、600～700℃の高温でもかなりの強度を保つが、これ以上の高温・高強度のもとに使われる超合金を耐熱合金と呼んでいる。主にガスタービン・エンジンの燃焼室やタービンに用いられている。

6-4 複合材料

a. 複合材料とは

　複合材料とは、2種類以上の材料を組み合わせて、単体材より優れた性質、あるいは全く新しい特色を発揮するように創造された材料をいう。身近な例では、引張力に強い鉄筋と圧縮力に優れたコンクリートを組み合わせた鉄筋コンクリートも、複合材料の一種といえる。

　航空機に使うためには、軽いことが絶対条件だが、例えばガラス繊維などと樹脂が積層された高強度なプラスチック、すなわちFRPが大いに貢献した。

　FRPが使われているのは機内の内張り、客室隔壁、計器盤、ダクト（エアコンなどの空気を送る管）、レーダーのドーム（レドーム）、アンテナ、エンジン・カバー、翼端、フィレットなどである。

　これらは、いずれも二次構造部材である。

　その部材が損傷しても飛行の安全性に影響を与えない部材を二次構造部材という。

　これに対して、主翼の外板など、損傷すると飛行の安全性に重大な影響を与えるような構造部材を、一次構造部材という。

　近年、カーボン繊維やケブラ繊維など、従来のFRPよりもはるかに強い繊維材料が開発され、そのため急速に、一次構造材に複合材料が用いられるようになってきている。

b．ヘリコプターの複合材料

ヘリコプターへの複合材料の適用は、1950年代と比較的早い時期で、この頃は各部のカバーに使われた。

メーン・ローターは、当初は木製であった。これは中心にスチール・コアを通した合板製で、前部は重い木材、後部は軽いバルサ材で作られた。

その後に金属製（173ページ図 6-9 (a) (b)）となり、さらに時代を経て 1970 年代に、初めて、量産されたヘリコプターのメーン・ローター（一次構造部材）に複合材料が用いられた（同図 (c) (d)）。

図 6-10 は、広範囲に複合材料が使われているヘリコプターの一例を示している。

全てが複合材料からなる機体構造のヘリコプターの試験飛行も、すでに行われている。

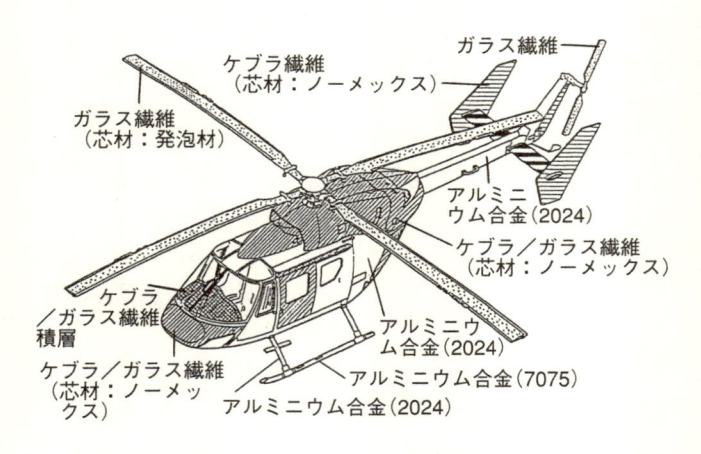

図6-10　ヘリコプターの複合材料利用の一例

7章

ヘリコプターの歴史と今

7-1 ヘリコプターの歴史

a．ヘリコプターの発明

　回転翼による飛行のアイデアは古くからあり、ルネッサンスの巨人レオナルド・ダ・ビンチのスケッチの中にも見ることができる（図7-1）。

　しかしヘリコプターの初飛行は、飛行機（固定翼機）に比べて大きく出遅れた。1907年にフランスのポール・コルニュが、高度1m、滞空時間20秒を達成したと伝えられているが、公式に記録されていない。

　ヘリコプターの実用化が遅れたのは、これまで述べてきたように、飛行機に比べて空気力学的にむずかしく、かつ構造が複雑なことによる。

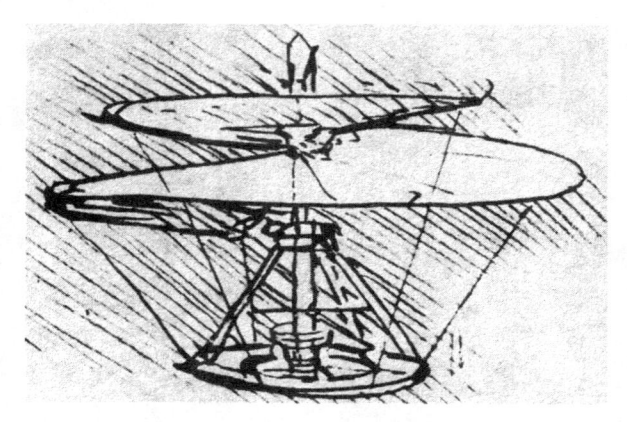

図7-1　レオナルド・ダ・ビンチのヘリコプター

第7章　ヘリコプターの歴史と今

　飛行機は1903年のライト兄弟による初飛行以後、飛躍的に進歩して、1930年代には、飛行速度も速いものでは 300 km/h 前後に達していた。

　ところがこのように速度が上がると、離着陸距離も長くなるという不具合が生じた。そこで垂直に離着陸できる回転翼機が、各国で試みられた。

b．ヘリコプターの実用化

　最初に実用化されたのは、飛行機にローターを取り付けたオートジャイロ（図7-2）である。

　オートジャイロのローターは、ヘリコプターのようにエンジン駆動で回転させる訳ではない。機体は、普通の飛行機のようにプロペラの推進力で前進する。その前進速度によって、ローターが自然に回転する（オートローテーション）ので、揚力が得られるのである。

　このオートジャイロの開発に関連して、1923年にスペインのド・ラ・シエルバが、ローターの独特な現象を発見し、

1923年にスペインのシエルバが
初めて成功した機体。

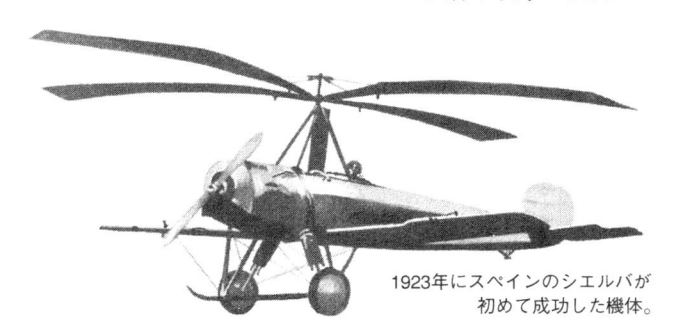

図7-2　オートジャイロ

『図説 飛行機大事典』（講談社刊より）

それに基づいてローターの構造を改良した。

さらに同じスペインのペスカラが、画期的なローターのピッチ制御機構を発明した。

1935年には、フランスのブレゲーが、これらの成果を基に、同軸反転式（後述）のヘリコプターを開発した。

翌1936年にはドイツのフォッケが、並列回転式のヘリコプターを作った。フォッケが作ったFa-61（図7-3）は、機首に装備した140馬力のピストン・エンジンで左右のローターを回転させている。

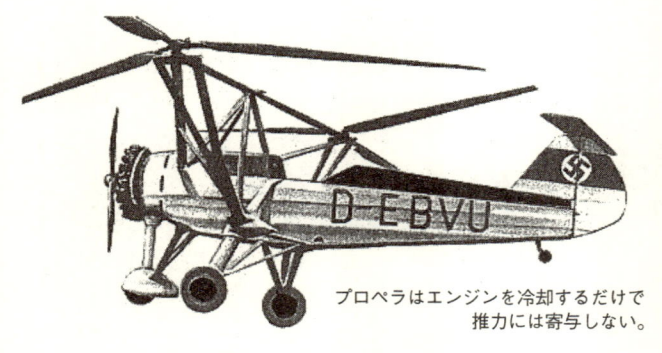

プロペラはエンジンを冷却するだけで推力には寄与しない。

図7-3　フォッケFa-61

フォッケFa-61の初飛行の滞空時間は28秒であったが、その後改良を重ねて、翌年には滞空時間1時間20分、高度約2400m、速度約122km/hという公式記録をつくった。

ただしこれらは、結局、実用化されなかった。

ヘリコプターが本格的に実用化されたのは、第2次世界大戦末期から、朝鮮戦争にかけての時代である。

まず1939年に、シコルスキーVS-300（図7-4）が飛行に

第7章　ヘリコプターの歴史と今

成功し、これがヘリコプター実用化への第一歩となった。

シコルスキーはその後、R-4ヘリコプターを開発し、これがヘリコプターとして世界初の量産機となった。

また1946年には、やはりアメリカのベル社が、ベル47（図7-5）を量産している。

図7-4　シコルスキーVS-300

『図説 飛行機大事典』(講談社刊より)

メーン・ローター直径 11.32m、胴体全長 13.30m、全高 2.84m、エンジン出力 260hp×1、最大離陸重量 1293kg、自重 777kg、最大速度 169km/h、実用上昇限度 6218m、航続距離 325km、座席数 4（パイロット1名含む）

図7-5　ベル47の発展型（川崎ベル47G3B-KH4）

c．ジェット・ヘリの誕生

　第2次世界大戦後、航空機の世界にガスタービン（ジェット）・エンジンが導入され、飛躍的に発展していった。これを追って、ヘリコプターにもガスタービン・エンジンが使われるようになった。これをジェット・ヘリと呼ぶこともある。

　ジェット・ヘリの先鞭をつけたのは、フランスのアルウェットSE3130（図7-6）で、1955年に各種の国際記録（例：約1万mの高度記録）を樹立するとともに「世界初の実用ジェット・ヘリ」という栄冠を得ている。

メーン・ローター直径 10.2m、胴体全長 12.5m、エンジン出力 400shp×1、最大離陸重量 1500kg、自重 850kg、最大速度 175km/h、航続距離 530km、座席数 5

図7-6　アルウェットSE3130

　ヘリコプター用のターボシャフト・エンジンが実用化されたのは1957年で、以後、各国、各ヘリコプター・メーカーは、競ってガスタービン・ヘリコプターを世に送り出している。

第7章　ヘリコプターの歴史と今

7-2　ローターによる分類

a．シングル・ローター

　最もポピュラーなヘリコプターは、シングル・ローター形式（図7-7）である。その名の通り、メーン・ローターを1つ装備し、そのトルクを打ち消すため、尾部にテール・ローターがついている。

メーン・ローター直径 10.16m、胴体全長 11.82m、胴体全幅 1.92m、全高 2.91m、エンジン出力 317shp×1、最大離陸重量 1452kg、積載重量 792kg、最大速度 225km/h、実用上昇限度 6096m、航続距離 554km、座席数5（パイロット1名含む）

図7-7　シングル・ローター形式（ベル206）

b．ツイン・ローター

　メーン・ローターを2つ装備したヘリコプターである。
　双方のローターを互いに反対方向に回転させることで、トルクを打ち消すことができるから、テール・ローターはない。

このツイン・ローターには、タンデム式、サイド・バイ・サイド式、同軸反転式、交差式などがある。

◆ タンデム式

メーン・ローターが機体の前後に並んでいる（図7-8）。このタイプは大型機に多い。

メーン・ローター直径15.24m、胴体全長13.59m、胴体全幅2.21m、全高5.13m、エンジン出力1400shp×2、最大離陸重量8618kg、積載重量4029kg、最大速度274km/h、実用上昇限度4267m、航続距離396km、座席数27（パイロット2名含む）

図7-8　タンデム式（川崎 KV-107-ⅡA）

◆ サイド・バイ・サイド式

ローターが並列に装備されたヘリコプターをいう。

今から30年程前に話題になったヘリコプターが、この方式の旧ソ連のMi-12である（図7-9）。

同機は最大離陸重量10万5000kgで、3万1030kgの重量物を2000mの高度まで持ち上げ、当時のヘリコプターの数々の世界記録を更新した。

そのため当時は、大型ヘリコプターは、以後、この方式が主流になると考えられた。ところがヘリコプターの大型化は進んだが、残念ながら今日では見あたらない。

この形式では、片方のエンジンが不調になった時に、他

第7章 ヘリコプターの歴史と今

メーン・ローター直径 35m、胴体全長 37m、全高 12.5m、エンジン出力 6500shp×4、最大離陸重量 10万5000kg、最大速度 260km/h、実用上昇限度 3500m、航続距離 500km、

図7−9 サイド・バイ・サイド式（旧ソ連のMi-12）

方のエンジンの出力を、不作動側のローターに伝えなければならない。そのため構造が複雑になり、重量も増えるという問題があった。

　最近では、エンジンを2、3基備えていても、1本のメーン・ローター・シャフトを回す形式になっている。これなら、たとえ1基のエンジンが不調になっても、そのエンジンを切り離すだけでよいので、好都合である。

◆　同軸反転式

　メーン・ローターを同軸の上下に装備したヘリコプター（次ページ図7−10）。

　エンジンからの出力を同じ軸から取り出し、双方のローターを逆回転させてトルクを打ち消している。したがってテール・ローターは不要となる。

◆　交差式

　サイド・バイ・サイド式に似たツイン・ローターには、

メーン・ローター直径 13m、胴体全長 7.75m、胴体全幅 1.4m、全高4.05m、エンジン出力 325hp×2、最大離陸重量 3250kg、積載重量 915kg、最大速度 163km/h、実用上昇限度 3300m、航続距離 530km、座席数 8

図7−10　同軸反転式ヘリコプター（カモフKa26）

交差式（図7−11）と呼ばれるヘリコプターがある。

　双方のローターが接近しており、通常なら、ローターを回すと衝突してしまう。これを防ぐためにシンクロ（同調装置）が組み込まれている。

　そこで、このタイプのヘリコプターをシンクロプターともいう。

　胴体下に貨物を吊り下げて運ぶことを目的に設計・開発されたヘリコプターで、パイロット1名しか乗れない単座、またエンジンも1基のみの装備（単発）である。

　以上の分類のうち、今日最もポピュラーなヘリコプターは、双発のターボシャフト・エンジンを搭載し、シングル・ローターで、テール・ローターを装備したヘリコプターである。

第7章 ヘリコプターの歴史と今

メーン・ローター直径 14.73m、胴体全長 15.85m、胴体全幅 1.42m、全高 4.24m、エンジン出力 1800shp×1、最大離陸重量 5216kg、積載重量 3038kg、最大速度 185km/h、実用上昇限度 7925m、航続距離 741km、座席数 1

図7－11　交差式（カマンK-1200）

7-3 ローターの回転方向による分類

　メーン・ローターの回転方向は、機種によって異なる。おおざっぱに言って、アメリカ製は反時計回り、ヨーロッパ製は時計回りとなっている。

図(a)の注記：
- メーン・ローターの回転方向（反時計回り）
- 左ペダルを踏み込むと右ペダルは後退する
- 増加したテール・ローターの推力
- 左ペダルを踏み込む（前進）とテール・ローターには矢印の推力が発生
- ペダルを踏み込まないと機体は矢印の方向に回される

図(b)の注記：
- メーン・ローターの回転方向（時計回り）
- 右ペダルを踏み込むとテール・ローターには矢印の推力が発生
- ペダルを踏み込まないと機体は矢印の方向に回される
- 右ペダルを踏み込むと左ペダルは後退する
- 増加したテール・ローターの推力

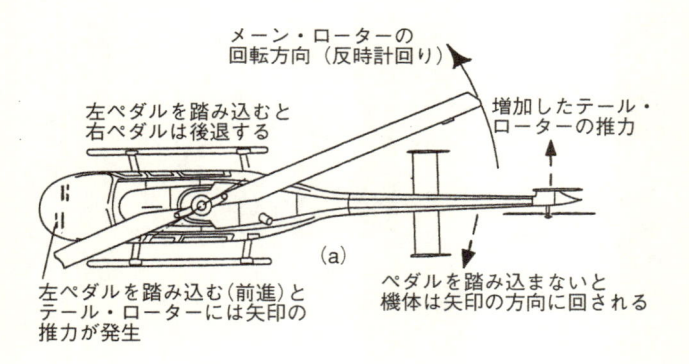

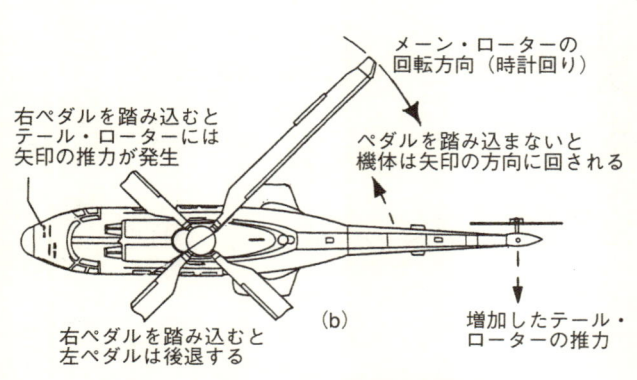

図7-12　ローターの回転方向と操縦方法

メーン・ローターが反時計回りのヘリコプターでは、例えばホバリング中に、揚力を得るためコレクティブ・ピッチを増加させると、機体にはローターの回転方向とは逆のトルクが作用し、機体は時計回りに回転する。

これを阻止するには、図7-12 (a)に示すように、左アンチ・トルク・ペダルを踏み込んでやる（左ペダルを前進させる）。

すると、テール・ローターの推力が図に示した方向に発生し、ヘリコプターの方向を維持することができる。

一方、メーン・ローターが時計回りのヘリコプターでは、機体は逆に反時計回りに回転するので、同様な状況では、右アンチ・トルク・ペダルを踏み込んでやらなければならない（同図(b)）。

そのため、例えばそれまでアメリカ製ヘリコプターを操縦していたパイロットが、ヨーロッパ製ヘリコプターを操縦するときは、当初はとまどうという。

7-4 耐空類別

航空機はその用途に応じて設計し、これに応じた飛行をしなければならない。安全な飛行に耐えられる設計や飛行の基準を定めたものを耐空類別という。

これを自動車に例えると、大型バスでは、設計・製造ならびに運転は、大勢の乗客を安全に輸送できるようにすればよい。スポーツ・カーなみの速度や急ハンドルにも耐えられるようには設計されていないし、スポーツ・カーのような速度で走ったり、急なハンドル操作をしてはならない。

航空機の場合も、例えば輸送機は、曲技飛行を行う機種や戦闘機のように頑丈に造ったのでは、機体重量が重くなり、たくさんの乗客や貨物などが搭載できない。その代わり曲技飛行は行ってはならない（強度的にできない）ことになっている。

ヘリコプターの用途別すなわち耐空類別は、表 7-1 のようになっている。

耐空類別	摘要	機種例
回転翼航空機 普通N類	最大離陸重量 3180kg 以下のヘリコプター	ベル206 AS350
回転翼航空機 輸送TA級	航空運送事業の用に適する多発のヘリコプターであって、臨界エンジンが停止しても安全に航行できるもの	川崎BK117 AS332
回転翼航空機 輸送TB級	最大離陸重量 9080kg 以下のヘリコプターであって、航空運送事業の用に適するもの	富士ベル204B

表 7-1　ヘリコプターの耐空類別

普通N類は、テレビの中継や写真撮影などに活用されている。

輸送TA級、輸送TB級は航空運送事業（旅客や貨物を運ぶ）に使われる機種である。

特に輸送TA級は、離陸・着陸を含む飛行中に、エンジン1基が停止しても、そのまま安全に飛行を続けることができるか、または安全に着陸できることが要求されている。

そのため、エンジンは2基以上、燃料系統・電力系統を二重にするなど、他の耐空類別に比べて、非常に厳しい設計基準になっている。

7-5 ヘリコプターの用途

a．日本のヘリコプター事情

　現在、統計の揃っていない旧共産圏を除き、世界の民間航空機の総数は約40万機にもなる。

　航空機には、固定翼から揚力を得る固定翼機（飛行機）と、回転翼（ローター）から揚力を得る回転翼機（ヘリコプター）があるが、この40万機のうち約95％が飛行機で、ヘリコプターは5％に過ぎない。

　世界の主要国（ロシア、中国を除く）における民間航空機（飛行機、ヘリコプター）数を見てみると表7-2のようになる。

　ただし、機数は毎年若干変動するので、端数は切り捨てた概数とした。

	飛行機	ヘリコプター	合計
アメリカ	246000	11000	257000
カナダ	21000	1600	22600
フランス	9000	900	9900
オーストラリア	8500	700	9200
日　本	1230	1030	2260

表7-2　世界の民間航空機

　表で分かるように、第1位は断トツのアメリカ、第2位は一桁少ないカナダ、第3位にフランスと続き、日本は第10位で、機数はアメリカの約100分の1となっている。

ただしヘリコプターの保有数だけを見ると、アメリカ、カナダに続き日本は第3位につけている。また、各国におけるヘリコプターのシェアは 4～8 %に対して、日本は約45%にもなり、極めて特異な値を示している。

日本におけるヘリコプターのシェアがこのように高いのは、国土が狭く、山岳地の多い日本の地形に適しているからだという専門家もいる。

実際日本では、巡視・救難、薬剤散布、資材・貨物輸送、報道・取材など幅広い分野で、ヘリコプターが活用されている。

b．ドクターヘリ

また、1990年代後半には、空飛ぶ救急車としてのヘリコプターがデビューした。救急医療サービス（Emergency Medical Service）の頭文字からEMSとも呼ばれている。

欧米では、人命救助や医療にヘリコプターが盛んに使われている。特にドイツでは救急医療ネットワークが定着しており、ドイツ全土を10～15分間の飛行時間でカバーし、患者がどの地域にいても緊急連絡後、ただちに医師・看護師を乗せたヘリコプターが現地に飛び、治療できるようになっている。

これまで民間ヘリコプター会社や消防・警察に頼っていたわが国でも、1999年10月から厚生省（厚生労働省）が、岡山県の川崎医科大学と神奈川県の東海大学で、新たなドクターヘリの試行的事業を開始した（図7-13）。

これまでは急患を搬送するだけだったのを、ヘリコプターに医師と看護師が搭乗し、担架に乗せた患者を初診診

第7章 ヘリコプターの歴史と今

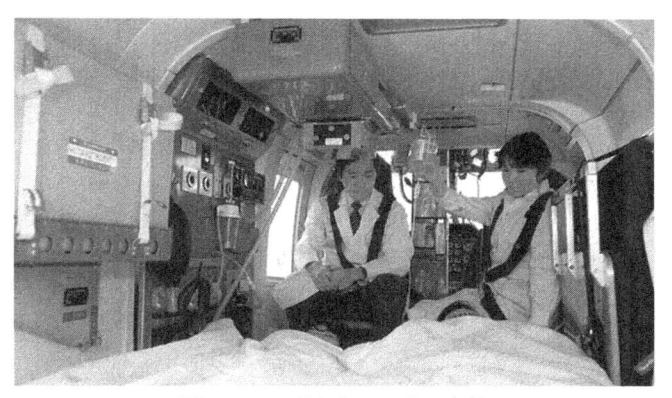

図7−13 ドクターヘリの内部

療・応急手当・保命医療を施しながら病院まで急送するシステムにしたのである。

両大学での半年間の試行結果を受け、厚生労働省では有用性が証明されたとして、2001年度には全国7ヵ所の事業運営予算を計上し本格的運航を行うことにした。

これが成功すると、次の段階として全国に30ヵ所程度のドクターヘリ配備となる模様である。

c．旅客輸送

アメリカ、カナダなどの航空会社では、定期または不定期で、ヘリコプターによる旅客便を運航している会社が多数ある。

日本では、かつて羽田空港〜成田空港などで運航していたが、採算がとれず現在は休止している。離島間や僻地への運航も、採算がとれる運航状況ではない。

ただ一路線、伊豆諸島で自治体の支援を受けてヘリコプ

ターによる旅客輸送が行われているのみである。

また日本でも、社用の出張に利用する例が増えつつある（アメリカ、カナダでは多数ある）。数ヵ所の事業所が点在している企業では、時間を決めてヘリコプターが循環している。あるいは地方に研究所や工場を分散した企業では、各事業所から最寄りの空港までヘリコプターを飛ばして、時間を有効に活用している。

さらには、自家用ヘリコプターを所有して時間短縮を図っている個人も増えてきた。

ところが、このようなヘリコプター・ブームを阻むものがある。

一つは飛行ルートが、定期旅客機（飛行機）を重要視したものとなっているため、ヘリコプターが飛ぶには大回りをしなければならず、時間的ロスが大きい点である。前述の羽田空港〜成田空港間の運行休止の一因は、この飛行ルートにあった。

二つめは天候である。例えば雲が低く垂れ下がり、視程がある程度以下になると、ヘリコプターは飛行できない（ジェット旅客機などは少々の悪天候でも飛行可能）。

ヘリコプター装備（例えば自動着陸装置）の充実、地上施設の強化（GPSを含む電波の安定）が整えられつつあり、少しぐらいの悪天候でもヘリコプターによる定期運航も可能な状態になっている。

しかし残念ながら、関係省庁からは、未だにその許可はおりていない。

そして三つめのネックが、次に述べるヘリポートの少なさである。

7-6 ヘリポート

第1章で、一通りヘリコプターの操縦法を述べた。

しかしヘリコプターがあり、操縦免許を持っていても、それだけで日本の空を自由に飛び回れるわけではない。

ヘリコプターの離着陸は、そこがどんなに広大な空き地でも、事前の許可がなければできないのである。

航空法によれば「航空機は陸上にあっては飛行場以外の場所、水上にあっては国土交通省令で定める以外の場所において、離陸または着陸してはならない。ただし、国土交通大臣の許可を受けた場合はこの限りでない」とある。

a．ヘリポートの種類

飛行場には、陸上飛行場（空港）、陸上ヘリポート、水上飛行場、水上ヘリポートの4種類がある。

ヘリコプターの大半は陸上ヘリポートで、残りは地方にある陸上飛行場で離着陸している。陸上ヘリポートには公共用、非公共用、臨時ヘリポートがある。

◆ 公共用ヘリポート

常設で、不特定多数のヘリコプターが利用できるヘリポート。東京都江東区新木場の東京ヘリポート（次ページ図7-14）を始め、全国に二十数ヵ所あり、これらは都、県、市、町などが設置管理者となっている。

◆ 非公共用ヘリポート

常設だが、特定の（通常は設置者自身が所有する）ヘリコプターだけが利用できるヘリポート。設置管理者は県、

図7―14　東京ヘリポート

市の他、企業（電力会社やヘリコプター航空会社）もある。非公共用ヘリポートは全国に約90ヵ所ある。

◆　臨時ヘリポート

前述した航空法の「ただし書き」で書かれているのが、特定のヘリコプターだけが、特定の期間だけ利用できる臨時ヘリポートである。

例えば薬剤散布やダム建設を行う場合、その近辺に公共または非公共ヘリポートがないとき、「飛行場外離着陸許可願書」を国土交通大臣に提出して許可を受け、臨時ヘリポートにすることができる。

しかし、願書を提出しても直ちに許可されるとは限らない。例えば、ヘリコプターは 50㎡ の空き地があれば離着陸が可能だが、その広さがあっても、周囲が人口密集地であれば許可されない。

また、たとえ周囲が人口密集地でなくても、ヘリコプタ

ーがその場所に進入し、またそこから離陸するために必要な「上空スペース」もないと許可されない。

b．ヘリポートの設置基準

ヘリコプターは、空港のように長い滑走路や広大な土地は要らないし、また垂直に離着陸できるので、上空スペースは不要と考えられがちだが、これは誤りである。

図7-15でC級ヘリポートの設置基準を示す。

進入表面とは、ヘリコプターがヘリポートに進入または離脱していく空域を想定したものである。これがヘリポートの前後1000mずつ、真っ直ぐに確保されなければならない。

進入表面の勾配は、$\frac{1}{8}$となっている。これは前方または

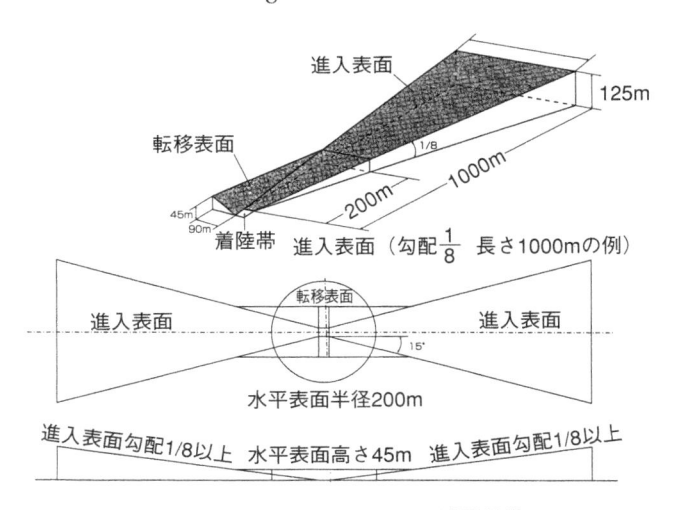

図7-15　C級ヘリポートの設置基準

後方へ1000m先に、125mを超える高さの山や建設物があってはならないことを意味する。

水平表面は、場周経路(ヘリポートの周辺に設けられた進入経路)の安全を確保するための制限表面である。ヘリポート周辺の半径200mの範囲に、高さ45m以上の建物があってはならない。

転移表面は、ヘリコプターが進入着陸の際、強烈な横風などで正規の進入着陸ができない(あるいは誤った)とき、離脱の安全確保をするための空域をいう。

B級、A級ヘリポートや空港では、さらに厳しい規定となっているのは言うまでもない。

c. 新しいヘリポート・スペース

現在の日本の都市またはその周辺で、ヘリポートの制限をクリアできるところは非常に少ない。

例えば、ビル屋上のヘリポートは、現在数十ヵ所に設置されているが、騒音対策・安全対策など、周辺住民の合意を必要とする。そのため、設置できたとしても、スムーズに稼働できるとは限らない。

そこで期待されているのが、橋上ヘリポートである。広い橋上の中央部から河川に沿って離着陸すれば、進入表面は確保でき、また騒音や安全性などの問題が解決できる。

河川部の風は河川に沿って吹いているところが多い。ヘリコプターの離陸・上昇、進入・着陸は、一般に風上に向かって、つまり川に沿って行われるから、周辺の騒音問題や安全対策上も好都合である。

第7章　ヘリコプターの歴史と今

d．海上ヘリポート

さらに、四方を海に囲まれたわが国では、海上ヘリポートも考えられる。

これまでの海上ヘリポートは、埋め立て方式が常識になっていた。しかし、この方式は地盤沈下、海流・潮流の妨げによる環境破壊、埋め立て経費などの問題から暗礁に乗り上げた感がある。

そこで近年「メガフロート」なるものが脚光を浴びている。メガフロートとは、ギリシャ語で巨大という意味のメガと、英語で浮体という意味のフロートを組み合わせた造語で、海に浮かぶ巨大な浮体構造物（図7-16）である。

すでに小型・中型の飛行機による離着陸実験を行って、電波障害などがないか調査したが、関係者は満足のいくデータが得られたとしている。

実証試験での規模は長さ1000m、幅60m（一部120m）だが、本格的に導入されれば、その規模は長さ4700m、幅

図7-16　メガフロート　　写真提供／日本造船センター

1600mの広さに4000m滑走路を2本とする計画である。

　浮体構造物は、その漂流を防ぐため海底への係留装置、防波堤、陸上へのアクセスから構成されている。

　もう一つの工法は、海中に支柱をうち込み、その上に滑走路を渡すもので、巨大な桟橋のような建築物となる。滑走路下の空間は小型船の航行が可能で、海流・潮流を妨げることによる環境破壊も少ないという。

　この工法も、メガフロートとともに、大いに期待されている。

　ただし、どんなにヘリポートを設置しても、それらを結び合わせた体系的なヘリポート・ネットワークを構築しないことには、ヘリコプターの有用性を十分に発揮できない。

　ヘリポート・ネットワークが確立されれば、将来の日本の交通体系は、ヘリコプターなしでは語れないことになるであろう。

　現在、各方面でヘリコプター利用促進のための調査が計画・実施されている。

さくいん

<欧文>

ＡＡ規格　169
ＢＥＲＰ　57
Ｃ級ヘリポート　197
ＥＭＳ　192
eshp　135
ＦＲＰ　175
H-V線図　37
ＪＩＳ規格　169
Ｎ($_1$／$_2$)計　114
ＮＡＣＡ系翼型　54
ＮＯＴＡＲ　84
ＮＲ計　115
shp　135

<あ>

アウト・オブ・トラック　119
アタッチメント・リング　166
圧縮機　133, 137
圧力中心　52
圧力分布　52, 59
圧力補給式　152
アナンシエーター　160
アニュラー型燃焼室　142
アルミ合金　169
アルミニウム　169
アングル材　170
アンダー・スリング方式　96
アンチ・トルク・ペダル　20
安定　60

<い>

一次空気　141
一次構造部材　175
インテグラル・タンク　151
イン・トラック　119
インナー・スリーブ　74
インペラー　138

<え>

エア・サイクル方式　123
エラストメリック・ダンパー　97
エラストメリック・ベアリング　77
エンジン／ローター回転計　114
遠心型圧縮機　135, 138
エンジン計器　114
エンジン・トルク計　114

<お>

応力　170
オートジャイロ　179
オートローテーション　35, 179
オートローテーション着陸　36
オーバーヘッド・パネル　16, 128

<か>

カーボン繊維　175
海上ヘリポート　199
回転スター　103
回転翼　66
外板　162

火災探知装置　123
ガス圧式　123
ガスタービン・エンジン　132
ガス・プロデューサー・タービン　136
ガソリン　150
滑走着陸　34
滑走離陸　24
滑油　155
滑油圧力計　116
滑油ポンプ　136
カニュラー型燃焼室　142
下方吊り下げ方式　96
カン型燃焼室　142

<き>

気圧高度計　109
幾何学的ねじり下げ　58
逆流型燃焼室　141
キャンバー　52
急角度進入　33
吸気圧力　26
境界層　48
境界層の剝離　51
橋上ヘリポート　198

<く>

空盒　109
空盒計器　107
空燃比　141
空力的ねじり下げ　58
空冷タービン・ブレード　146
矩形翼　57
クラッシュワージネス　151

クリープ現象　146
クリスマス・ツリー型　144
クロス・チューブ　166, 171

<け・こ>

軽質ナフサ　150
形状抗力　47
ケブラー繊維　175
コアンダー効果　86
鋼　173
公共用ヘリポート　195
合金鋼　174
航空灯　128
航空法　195
交差式　185
後退翼　90
高張力鋼　174
高度計　109
交流発電機　126
コーニング（角）　87
コーン・フランジ　165
固定スター　103
固定翼　66
コリオリの力　95
コルニュー（ポール・）　178
コレクティブ・ピッチ・レバー　21, 101
コントロール・スタンド　16
コンベクション冷却　147

<さ>

サーキット・ブレーカー　18
サーチ・ライト　128
サーミスター式　123

サーモカップル 115
サイクリック・ピッチ・スティック 20,101
サイクリック・フェザリング 91
最大パフォーマンス離陸 25
サイド・バイ・サイド式 184
サクション・フィルター 156
3針式回転計 115

<し>

シーソー型 72
ジェット（A-1／B） 151
ジェット燃料 151
ジェット・ヘリ 182
磁気コンパス 111
磁気浮子 154
軸出力 135
軸流型圧縮機 135,137
軸流型タービン 142
シコルスキー 180
失速 46
地面効果 30
地面効果(外・内)ホバリング 31
ジャイロ 93,110
車輪(式) 166
集合計器 16
重質ナフサ 150,151
重力補給式 153
受動防振装置 118
ジュラルミン 170
消火装置 125
上空スペース 197
昇降計 110
場周経路 198

衝突防止灯 128
正味推力 135
照明装置 128
真空溶融鋼 174
シングル・ローター 183
シンクロプター 186
進入表面 197

<す>

水平儀 111
水平表面 198
数字系翼型 54
スキー 166
スキッド式 166
スターター／ジェネレーター 127,136
ステーター 137,138
ステーター・ベーン 82
ステンレス鋼 174
ストリンガー 162
ストロボ・スコープ法 120
スペリカル・ベアリング 77
滑り計 114
スロットル・レバー 19
スワッシュ・プレート 92,102

<せ・そ>

静圧 42,107
静(的・的中立)安定 60,63,64
静的不安定 61
静翼 82,137,138
セミモノコック構造 162
遷移(点) 50
旋回 27

旋回(滑り)計　113
全関節型ローター　70
前進翼　90
センター・コンソール　16
剪断弾性変形　77
相当軸出力　135
層流境界層　49,50
層流底層　51
速度計　108

<た>

タービン　133,136,142
タービン温度計　115
タービン・ブレード　143
ターボシャフト・エンジン
　　　　　　　134,182
ターボファン・エンジン　133
ターボプロップ・エンジン　134
耐空類別　189
対称翼　55
耐食鋼　174
耐熱合金　174
ダウン・ウォッシュ　29
縦揺れ　62
段　138
炭素鋼　173
タンデム式　184
ダンパー　97
暖房　121

<ち>

チタニウム合金　172
チップ・パス・プレーン　119
着陸装置　166

中立安定　60
超ジュラルミン　170
超々ジュラルミン　171
直流型燃焼室　141

<つ・て>

ツイン・ローター　183
通常進入　32
通常離陸　22
抵抗　47
定針儀　110
ディスエンゲージ・レバー　18
低燃料量注意灯　153
テール・スキッド　166
テール・ユニット　164
テール・ローター　78,104
デッドマンズ・カーブ　37
転移表面　198
転移揚力　24
点火プラグ　140
テンション・トーション・スト
　ラップ　75

<と>

動圧　42,107
動翼　82,138
東京ヘリポート　195
同軸反転式　180,185
動(的・中立・的不)安定
　　　61,62,64
灯油　150,151
動翼　138
ドクターヘリ　192
ド・ラ・シエルバ　179

ドラッギング 70, 88, 96
トラッキング作業 120
ドラッグ角 88
ドラッグ・ヒンジ 70
トランスミッション 68, 147
トランスミッター 153
トランスレーショナル・リフト 24
ドリフト 27
トルク 78

<に・ね・の>

二次空気 141
二次構造部材 175
ニッケル基耐熱合金 146
ねじり下げ 58
熱起電力 115
熱電対(式温度計) 115
燃焼室 133, 135, 139
燃料 150
燃料圧力計 116
燃料シャットオフ・レバー 19
燃料タンク 151
燃料ポンプ 136
燃料油量計 153
能動防振装置 118
ノーター 84

<は>

ハード・ランディング 33
バイメタル 123
パドル翼 57
ハブ 67, 73
半関節型ローター 72

伴流 47
パワー・レバー 19

<ひ>

引込脚 166
非公共用ヘリポート 195
飛行場外離着陸許可願書 196
ピストン・エンジン 132
ピッチング 62
ピトー管 43, 107
表面抗力 48

<ふ>

不安定 61
ファン・ブレード 82
フィルム冷却 147
フェール・セーフ 157
フェザリング 71
フェザリング・ヒンジ 70
フェネストロン 82
フォッケ 180
複合材料 57, 175, 176
普通N類 190
ブラダー・タンク 151
フラッピング 71, 90
フラッピング・ヒンジ 70
フリー・タービン 136
ブリード・エア 121
フリー・ホイール・クラッチ 70, 149
プリセッション 93
ブルドン管 118
フレアー 36
ブレード 66

フレーム　162
ブレゲー　180
フロート　154,166
プロテクター　172
プロペラ　40

<へ・ほ>

ベアリング　76
ベアリングレス型ローター　76
並列回転式　180
ペーパー・サイクル方式　123
ベスカラ　180
ペダル　21
ヘリポート　195
ベル社　19,22,181
ベルヌーイの定理　43
偏揺れ　62
補機　136
ホバリング　28

<ま・む・め・も>

マグネシウム合金　171
マグネチック・チップ・ディテクター　160
マグネチック・ピックアップ　115
摩擦抵抗　48
迎え角　43
無関節型ローター　73
メーン・ローター　68
メーン・ローターの回転方向　188
メガフロート　199
モノコック構造　162

<ゆ・よ>

油圧式ダンパー　98
輸送（ＴＡ・ＴＢ）級　190
揚抗比　53
ヨーイング　62
翼型　53
翼弦線　53,68
横滑り　27
横揺れ　62

<ら・り>

ライト兄弟　179
ラジアル型タービン　142
ランディング・ライト　128
乱流境界層　49,50
リード・ラグ運動　70
流線形　47
離陸回転数　26
臨時ヘリポート　196

<れ・ろ・わ>

冷房　123
レオナルド・ダ・ビンチ　178
連続の法則　42
ローター　66,137
ローター・シャフト　174
ローター・ブレーキ　150
ローター・ブレーキ・レバー　19
ローター・ブレード　66,138
ローリング　62
枠組構造　164

N.D.C.538.64　206p　18cm

ブルーバックス　B-1346

図解　ヘリコプター
メカニズムと操縦法

2001年10月20日　第1刷発行
2024年5月21日　第8刷発行

著者	鈴木英夫	
発行者	森田浩章	
発行所	株式会社講談社	
	〒112-8001　東京都文京区音羽2-12-21	
電話	出版	03-5395-3524
	販売	03-5395-4415
	業務	03-5395-3615
印刷所	(本文表紙印刷) 株式会社KPSプロダクツ	
	(カバー印刷) 信毎書籍印刷株式会社	
製本所	株式会社KPSプロダクツ	

定価はカバーに表示してあります。
©鈴木英夫　2001, Printed in Japan
落丁本・乱丁本は購入書店名を明記のうえ、小社業務宛にお送りください。
送料小社負担にてお取替えします。なお、この本についてのお問い合わせは、ブルーバックス宛にお願いいたします。
本書のコピー、スキャン、デジタル化等の無断複製は著作権法上での例外を除き、禁じられています。本書を代行業者等の第三者に依頼してスキャンやデジタル化することはたとえ個人や家庭内の利用でも著作権法違反です。
®〈日本複製権センター委託出版物〉複写を希望される場合は、日本複製権センター（電話03-6809-1281）にご連絡ください。

ISBN4-06-257346-6

発刊のことば——科学をあなたのポケットに

二十世紀最大の特色は、それが科学時代であるということです。科学は日に日に進歩を続け、止まるところを知りません。ひと昔前の夢物語もどんどん現実化しており、今やわれわれの生活のすべてが、科学によってゆり動かされているといっても過言ではないでしょう。

そのような背景を考えれば、学者や学生はもちろん、産業人も、セールスマンも、ジャーナリストも、家庭の主婦も、みんなが科学を知らなければ、時代の流れに逆らうことになるでしょう。ブルーバックス発刊の意義と必然性はそこにあります。このシリーズは、読む人に科学的に物を考える習慣と、科学的に物を見る目を養っていただくことを最大の目標にしています。そのためには、単に原理や法則の解説に終始するのではなくて、政治や経済など、社会科学や人文科学にも関連させて、広い視野から問題を追究していきます。科学はむずかしいという先入観を改める表現と構成、それも類書にないブルーバックスの特色であると信じます。

一九六三年九月

野間省一